PARIS. — B. BANCE, ÉDITEUR,
25, rue Croix-des-Petits-Champs, 25.

PARALLÈLE

DES

MAISONS DE PARIS

construites depuis 1830 jusqu'à nos jours,

DESSINÉ ET PUBLIÉ

PAR VICTOR CALLIAT, ARCHITECTE,
auteur de l'ouvrage : *Hôtel-de-Ville de Paris* [1].

PROSPECTUS.

On n'avait jamais vu encore s'élever à Paris autant de maisons particulières que dans les vingt-cinq dernières années. — Ces constructions sont généralement traitées avec goût, nous dirons plus, avec intelligence. Les architectes qui les ont dirigées, en fournissant ainsi leurs preuves, nous ont montré que tous avaient fait des études profondes et surtout consciencieuses dans cet art dont les anciens nous ont laissé de si beaux modèles : et, par ce noble élan, ils nous ont révélé plus d'un véritable talent jusqu'alors ignoré.

L'ouvrage que nous annonçons n'est donc pas inopportun ; et le but de cette publication est d'aider les architectes dans

[1] *L'Hôtel-de-Ville de Paris*, composé de 33 planches et d'un texte, par Leroux de Lincy. 1 fort vol. Atlas grand aigle. Prix . . . 110 f.
Le même ouvrage relié, . . . 130

leurs recherches, dans l'élaboration de leurs projets; et de leur éviter la peine, principalement à ceux qui résident en province, de se déplacer pour avoir des points de comparaison.

Ce travail présentait plus d'une difficulté; il fallait, avant tout, qu'il fût clair et lucide; il fallait que ce fût une œuvre utile autant qu'une œuvre d'art : M. Victor Calliat a résolu cette question. — Il appartenait à l'auteur du magnifique ouvrage sur l'Hôtel-de-Ville de Paris d'accomplir cette nouvelle tâche avec d'autant plus de bonheur qu'il n'a pas hésité à faire abnégation de ses propres goûts et de ses sympathies, pour nous donner ici des modèles de tous les styles et de tous les genres. Il sera donc désormais facile à l'architecte d'indiquer à un propriétaire comment il pense traiter les constructions qu'il se propose de lui faire exécuter, en lui mettant sous les yeux ces différents exemples.

Indépendamment des façades et des difficultés qu'elles présentaient sous le rapport de l'art, il fallait aussi satisfaire à tous les besoins et s'occuper des dispositions intérieures, c'est-à-dire de la composition des plans et du parti qu'on avait tiré des différents terrains, malgré leurs formes trop souvent exiguës ou bizarres.

L'auteur s'est également attaché à mettre tous les plans entre eux ainsi que les façades et les détails sur la même échelle. Celle des plans sera de 0,005 pour mètre, et celle des façades sera double, c'est-à-dire de 0,01 pour mètre. Ces façades seront suivies de détails qui, au moyen d'une échelle de 0,07, expliqueront le style et le goût qui auront présidé à leur composition.

Aucun ouvrage d'architecture sur les maisons de Paris n'avait encore paru avec cette importance que nous avons jugé convenable de lui donner : et M. Victor Calliat ne pouvait pas mieux faire comprendre sa pensée qu'en lui donnant le titre significatif de Parallèle.

Cet ouvrage sera composé de 120 planches gravées au trait par MM. Hibon, Lecoq-Olivier, Ribault, etc., divisées en 20 livraisons imprimées sur beau papier quart d'aigle, dit format in-folio.

Un texte descriptif et un titre gravé seront donnés gratis à MM. les souscripteurs et paraîtront avec la dernière livraison.

La première livraison paraîtra le 1er octobre prochain; les suivantes de mois en mois.

Prix de la livraison de six planches, 6 fr.

Pour paraître prochainement,

ÉGLISE SAINT-EUSTACHE

A PARIS,

Mesurée, Dessinée, Gravée et Publiée

Par VICTOR CALLIAT, Architecte.

Plans, élévations, coupes et détails d'architecture en onze planches, accompagnées d'un Essai historique sur l'Église et le quartier Saint-Eustache, par Leroux de Lincy.

Format in-f°. Prix : 25 »

En vente la première livraison de

DÉCORATIONS INTÉRIEURES

ÉPOQUES RENAISSANCE ET LOUIS XIV

PAR JEAN BERAIN,

Dessinateur ordinaire de la Chambre et du Cabinet de Louis XIV,

Lithographiées par ARNOUT père.

Cet ouvrage, unique dans son genre, sera composé de 80 planches, format grand in-folio, demi-colombier, imprimées sur papier de Chine, et sera publié en dix livraisons chacune de 8 planches.

La première livraison est en vente, et les suivantes paraîtront, une livraison tous les deux mois, à dater du 1er septembre 1849.

Prix de la livraison de 8 planches, 10 »

Prix de chaque feuille séparée, 1 25

Paris — Imprimerie Bonaventure et Ducessois, quai des Grands-Augustins, 55.

PARALLÈLE

DES

MAISONS DE PARIS

OUVRAGES DU MÊME AUTEUR.

ENCYCLOPÉDIE DE L'ARCHITECTURE

PUBLIÉE

Par Victor CALLIAT, architecte.

Cet ouvrage, qui est à bien dire un journal représenté par des dessins gravés par les premiers artistes en ce genre, comprend, tant pour la partie ancienne que pour la partie moderne, tout ce qui est relatif au bâtiment, à sa construction, à sa décoration. Un prospectus spécial expliquant le plan de cet ouvrage se distribue GRATIS à toutes personnes qui en feront la demande. — Un an, 24 livraisons, 120 planches. Prix : 25 fr.

HOTEL-DE-VILLE DE PARIS

mesuré, dessiné, gravé et publié

Par Victor CALLIAT, architecte.

Ouvrage précédé d'un texte historique et descriptif, par LEROUX DE LINCY; 33 planches avec texte, formant 1 volume grand in folio. Prix : 110 fr.

ÉGLISE SAINT-EUSTACHE, A PARIS

mesurée, dessinée, gravée et publiée

Par Victor CALLIAT, architecte.

Cette église, bâtie à la même époque que l'Hôtel-de-Ville de Paris, est le premier exemple, dans notre capitale, d'une église où l'on ait mêlé l'architecture gothique à celle de la renaissance. 12 planches, grand in-folio, avec texte. Prix, 25 fr.

SUITE AU PARALLÈLE DES MAISONS DE PARIS

Formant le complément des constructions les plus remarquables de 1815 à ce jour.

CHOIX DES PLUS JOLIES MAISONS DE PARIS ET DE SES ENVIRONS

Par KRAFFT et THIOLLET, architectes.

1 vol grand in-folio, 248 planches avec texte. Prix, 50 fr.

PETITES MAISONS DE VILLE ET DE CAMPAGNE

choisies dans les quartiers neufs de la capitale et aux environs de Paris,

Par DUVAL, KAUFMANN, RENAUD et autres architectes.

60 planches in-folio avec texte. Prix, 20 fr.

MAISONS DE CAMPAGNE

Habitations rurales, Châteaux, Fermes, Plans de Jardins de France, d'Angleterre et d'Allemagne,

1 vol. grand in-folio, 292 planches avec texte. 80 fr.

FERMES MODÈLES

constructions rurales et communales

par ROUX aîné.

60 planches in-folio avec texte. Prix, 20 fr.

CATALOGUE très-détaillé d'ouvrages sur les Arts et les Sciences, et principalement sur l'Architecture, la Mécanique, la Peinture, la Sculpture, etc.

Paris.—Imprimerie BONAVENTURE et DUCESSOIS, quai des Grands Augustins, 55.

PARALLÈLE

DES

MAISONS DE PARIS

CONSTRUITES

DEPUIS 1830 JUSQU'A NOS JOURS

DESSINÉ ET PUBLIÉ

PAR

VICTOR CALLIAT, ARCHITECTE

PARIS

B. BANCE, ÉDITEUR

25, RUE CROIX-DES-PETITS-CHAMPS, PRÈS LA BANQUE DE FRANCE

1850

Grand assortiment de tous les ouvrages sur les arts et les sciences et principalement sur l'architecture.

On ne saurait nier le progrès réel qui s'est fait sentir, depuis environ une vingtaine d'années, dans la construction des maisons particulières qu'on a vues s'élever de toutes parts dans Paris. Jamais peut-être on n'a plus construit que depuis 1830, ni mieux. Ce résultat est dû principalement à deux causes : au savoir toujours croissant de nos architectes, et à une amélioration sensible dans le goût du public. Car il faut bien le reconnaître, ce grand mouvement des intelligences dû aux calmes et fécondes années de la Restauration, et qui s'est manifesté complétement vers 1830, a réagi de la manière la plus heureuse sur tous nos arts, et certes l'Architecture n'y est pas restée étrangère. C'est donc une étude digne d'être suivie, que de voir ce qu'elle a produit pendant cette période, dans la partie, si l'on veut, la plus modeste et la plus bornée de son domaine, mais qui en est en même temps la plus difficile peut-être, et à coup sûr la plus utile; nous voulons parler des constructions particulières. C'est qu'en effet, c'est là que l'architecte a besoin de toutes les ressources de son art. C'est là aussi qu'il peut donner la mesure de ses talents et de sa capacité. On ne bâtit pas tous les jours des palais, on n'a pas souvent des édifices publics à élever, mais tous les jours on fait des maisons. Or, pour les bien faire, que de science, que de travail, que d'expérience ne faut-il pas ! Ce n'est pas tout pour l'architecte, nous allions dire ce n'est rien, que de savoir et bien construire et bien ordonner ; que de choses ne lui reste-t-il pas encore à combiner, que de problèmes à résoudre, que de difficultés à surmonter ! Gêné, comme il l'est bien souvent, soit par l'irrégularité du terrain, soit par les nécessités économiques de la dépense, soit par les exigences d'appropriation du tout ou des parties, soit encore par les besoins ou même les caprices du public, ce n'est qu'à force de patience, de calcul et de sagacité d'esprit, qu'il peut mener à bien son œuvre. Mais aussi, une fois faite et réussie, le mérite en est grand et vaut d'être connu.

C'est précisément là le but que nous nous sommes proposé. Nous avons voulu faire connaître, dans le nombre considérable des maisons construites à Paris depuis 1830, celles qui nous ont paru les plus remarquables. Nous avons comparé et soumis à un examen consciencieux et impartial les principales œuvres des architectes de nos jours, en ce genre, et c'est le résultat de notre travail que nous offrons au public. Nous établissons un parallèle, une comparaison entre les plus belles maisons construites dans Paris depuis 1830 : l'homme de l'art pourra en tirer, au profit de ses études et de ses inspirations, de quoi asseoir et baser ses idées. Nous espérons que les architectes trouveront dans notre ouvrage de bons modèles et de savants motifs, capables d'être utilisés par eux dans la pratique. C'est donc à eux principalement que s'adresse notre travail, mais ce n'est pas à eux seuls. Evidemment il s'adresse aussi à tout propriétaire qui voudra faire construire soit pour son usage particulier, soit dans un but de spéculation et comme placement de fonds. Dans l'un et l'autre cas, il trouvera, par une inspection attentive de nos planches, de quoi guider son goût et fixer son choix. Il aura là, sur des points où s'il s'agit de prendre une décision importante, un conseiller fidèle et désintéressé.

Afin de donner à notre publication toute l'utilité dont elle était susceptible, nous nous sommes attachés à y mettre toute la variété que comportait la spécialité du genre. On y trouvera, à côté de maisons bâties sur des terrains réguliers permettant à l'architecte de se développer à l'aise, d'autres maisons qui sont au contraire réservées dans des espaces très-irréguliers, et qui par là même exigeaient toutes les combinaisons de la science et toutes les ressources de l'art. A côté de maisons construites avec le plus grand luxe, nous en avons donné d'autres exécutées avec plus de simplicité, cherchant, d'après le vieux et bon principe, à mêler l'utile à l'agréable. Quand le style de certaines constructions nous en a paru digne, nous en avons donné les détails, par exemple pour les maisons de la rue de Vendôme, de la rue de Bellechasse, de la rue Racine, pour d'autres encore. Nous avons donné avec grands détails la charmante maison de la rue Tronchet, qui appartient, comme on sait, à un amateur des arts, dont le nom est aussi connu qu'aimé. Nous ne pousserons pas plus loin cette énumération. C'est à l'ouvrage à parler pour lui et à prouver par lui-même son utilité.

TABLE DES PLANCHES.

FIN DE LA TABLE.

PARALLÈLE
DES MAISONS DE PARIS

CONSTRUITES DEPUIS 1830

JUSQU'À NOS JOURS

DESSINÉ ET GRAVÉ

PAR

VICTOR CALLIAT ARCHITECTE

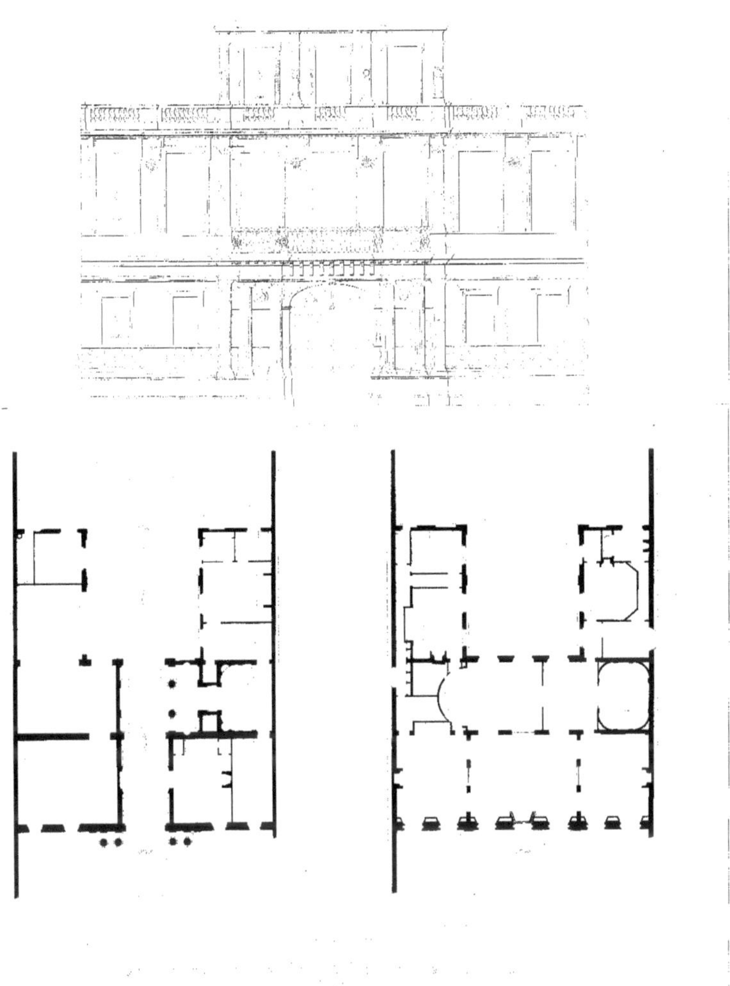

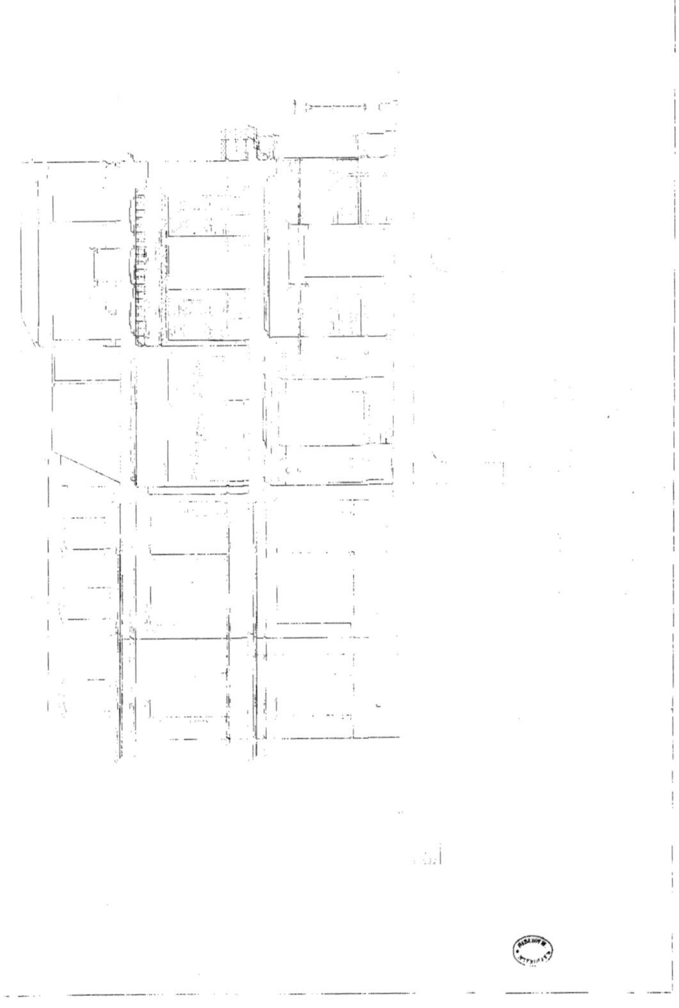

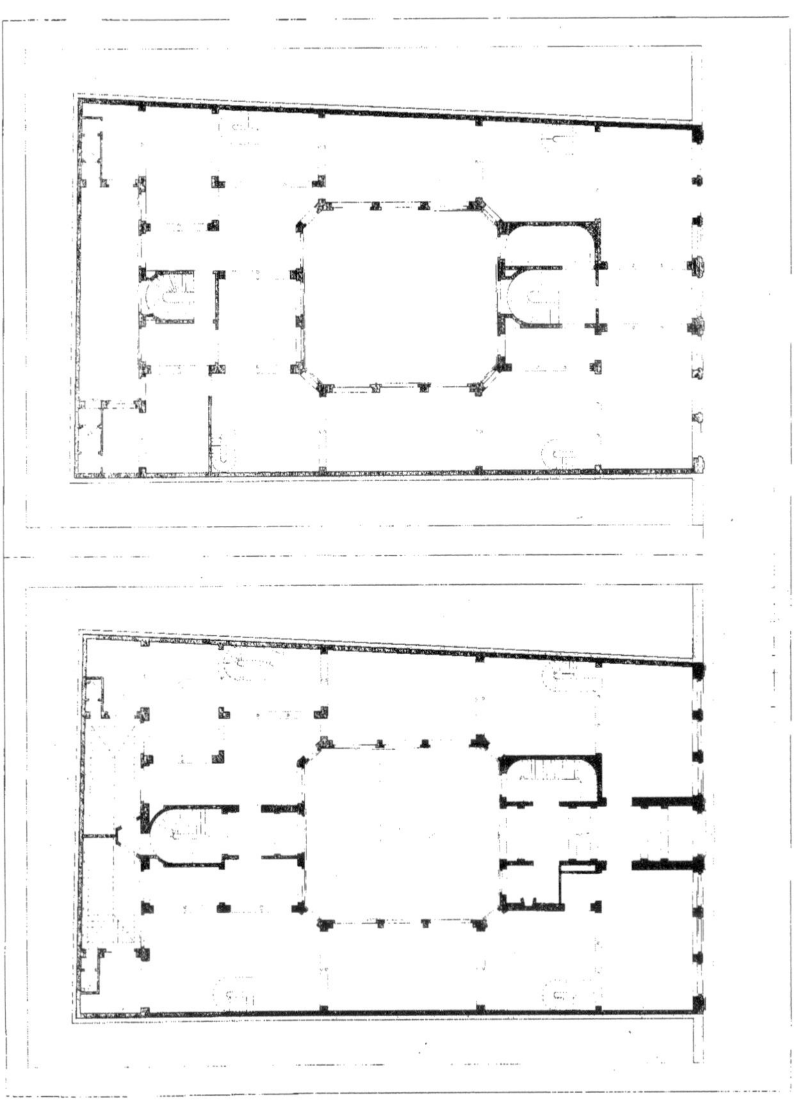

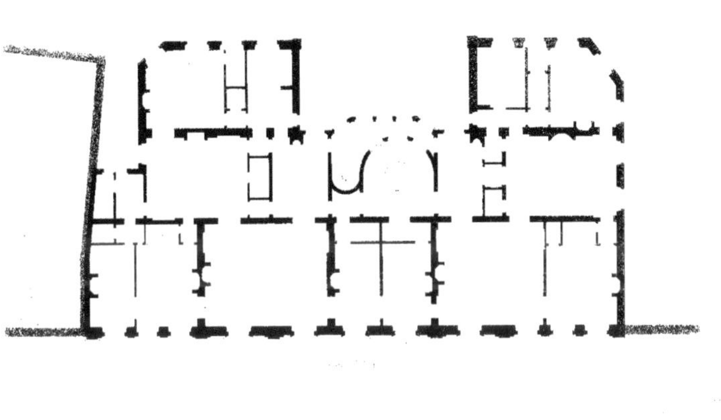

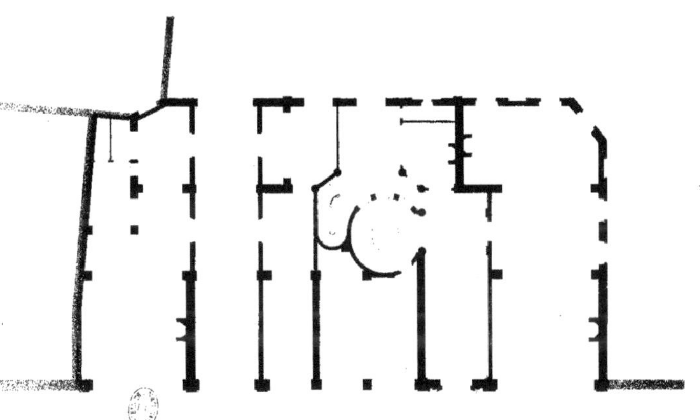

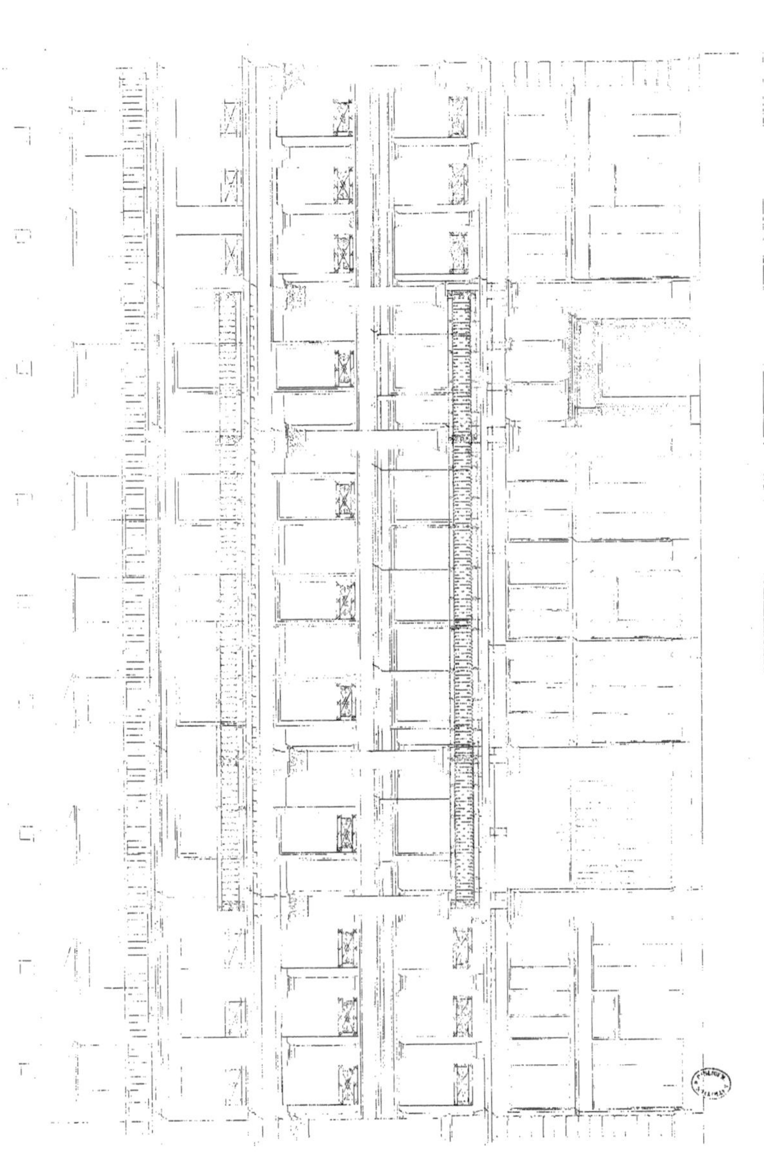

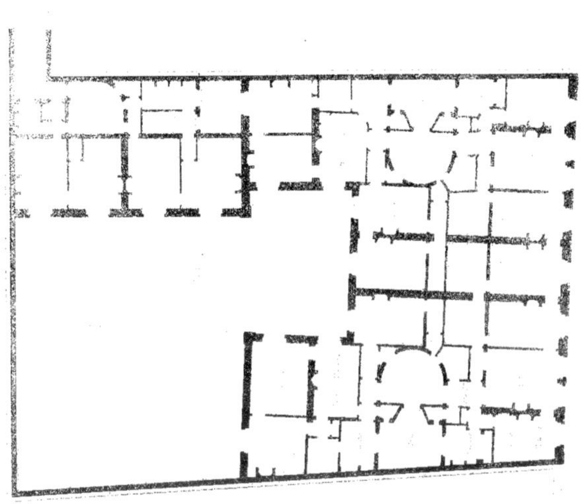

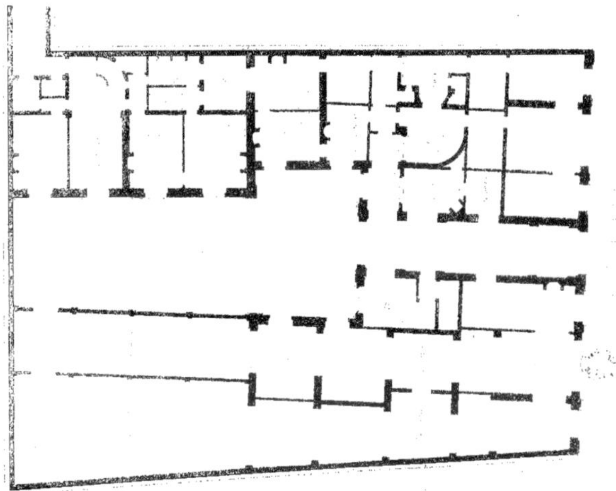

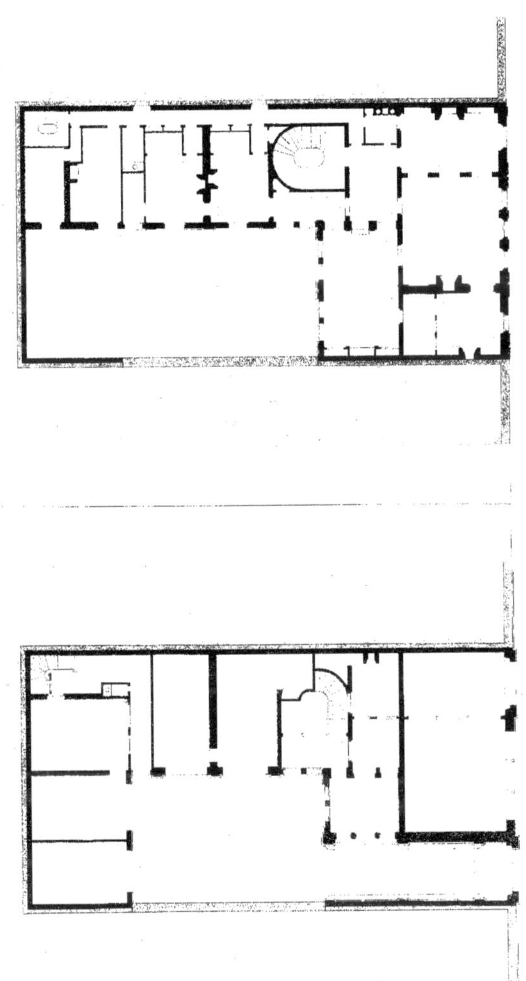

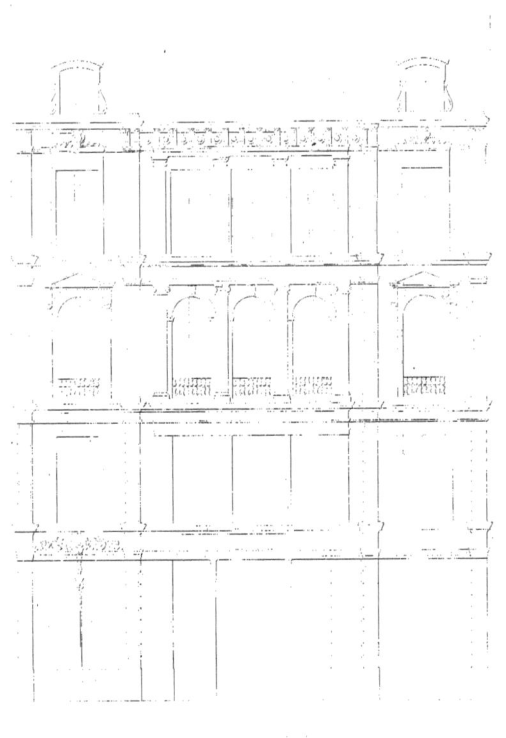

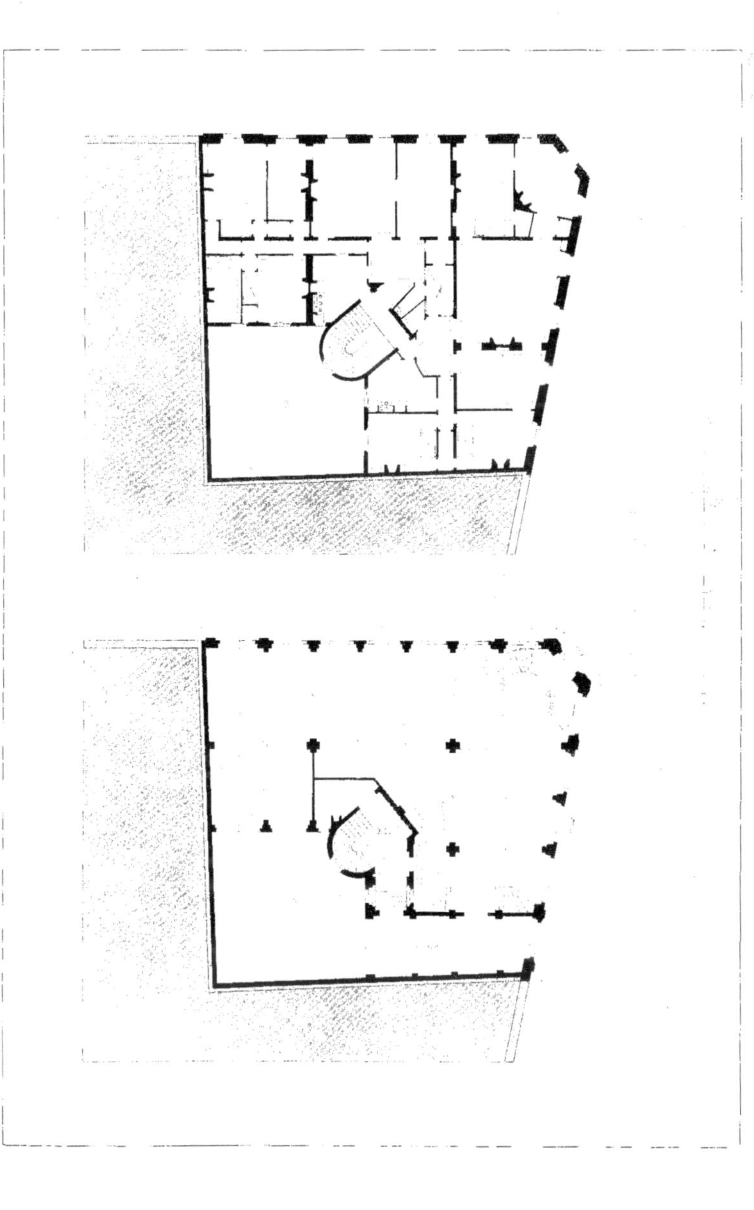

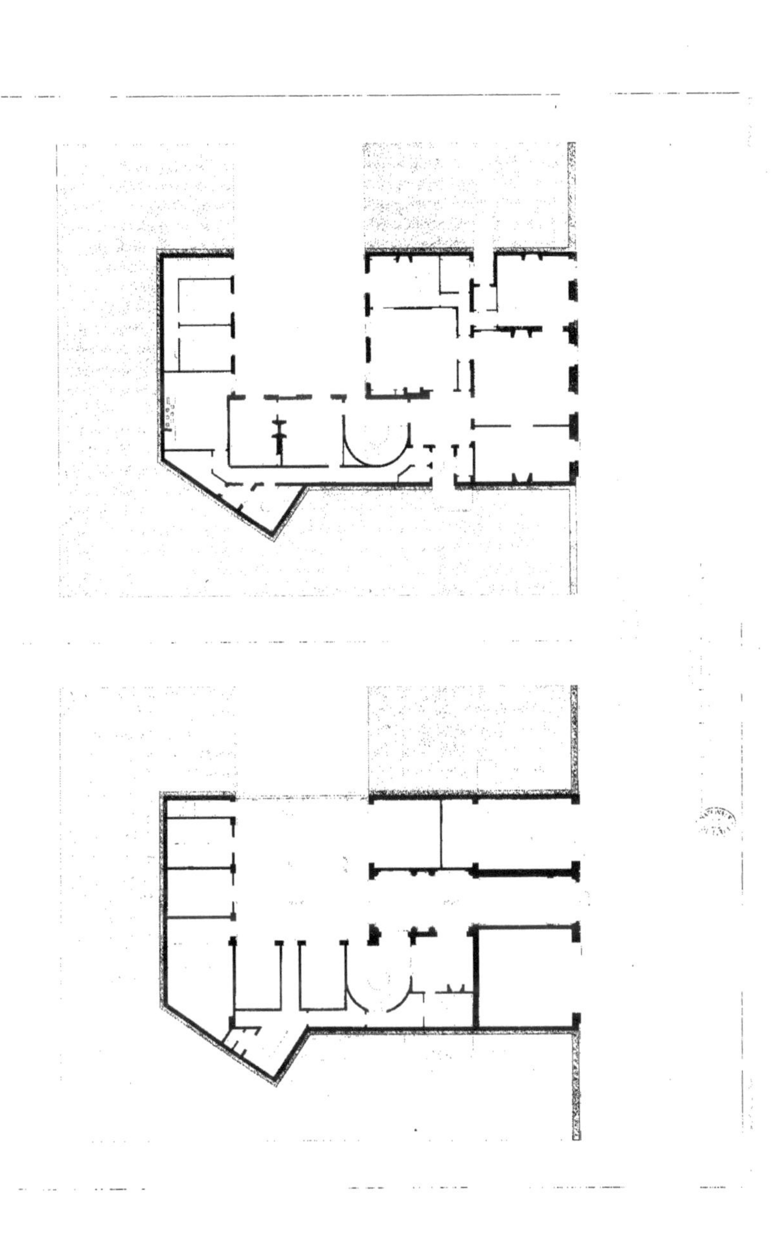

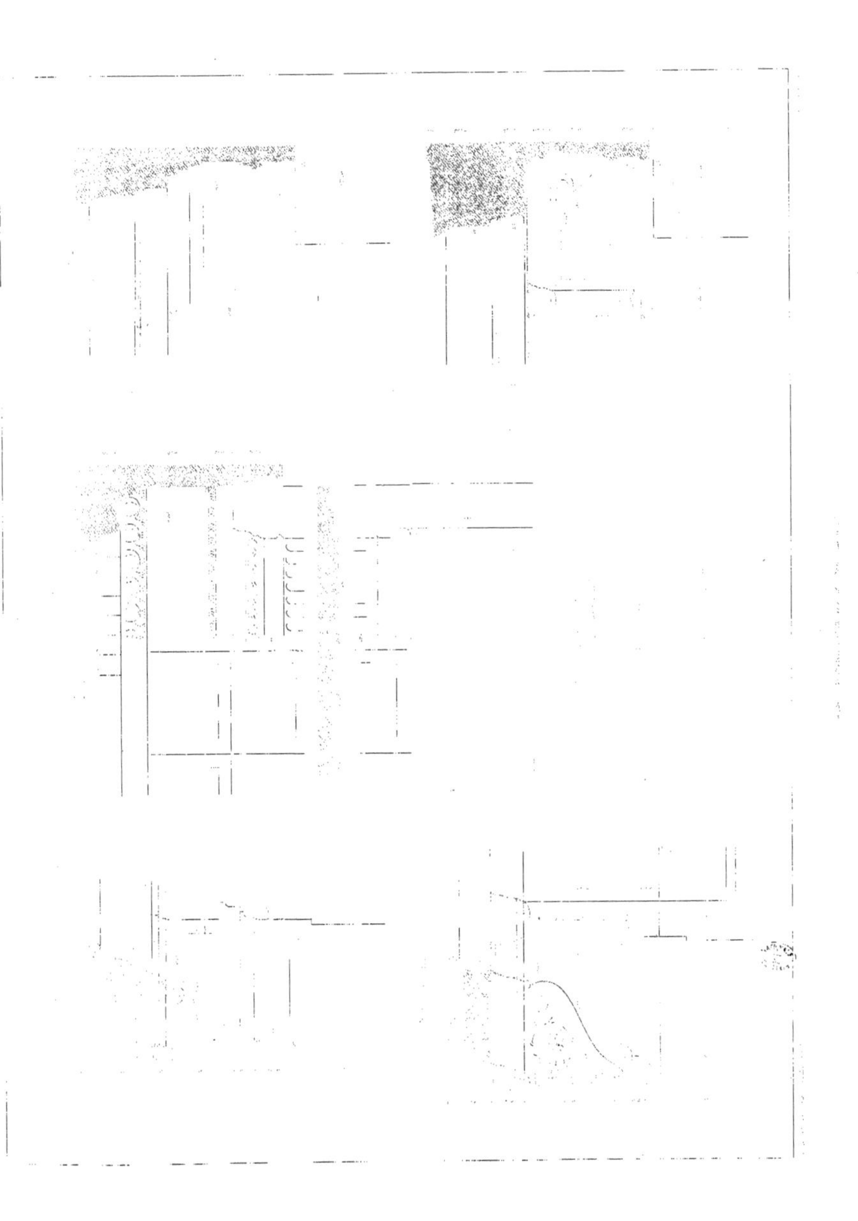

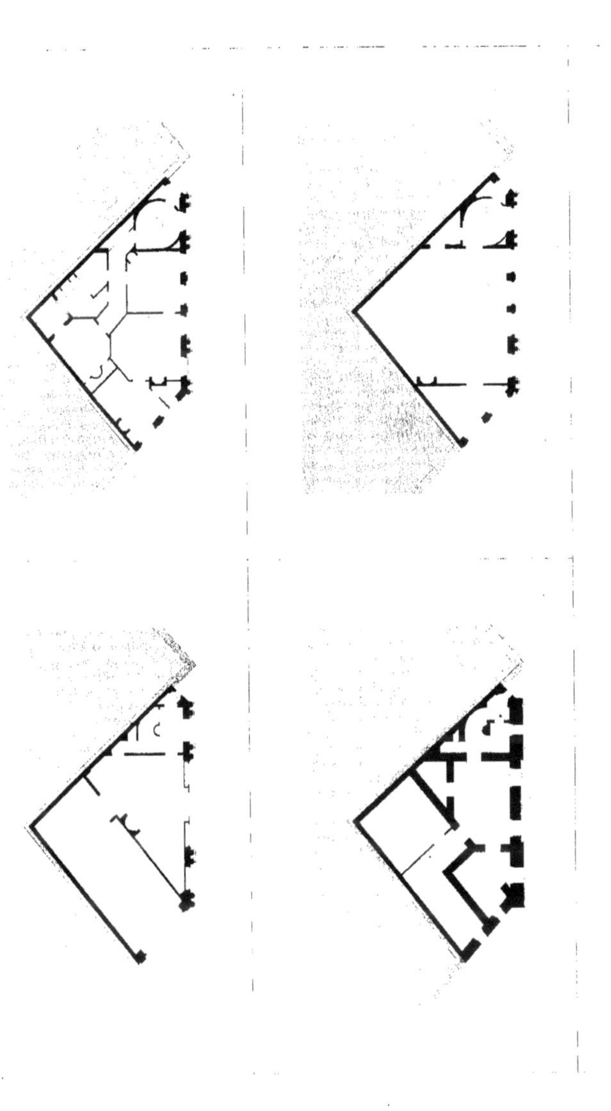

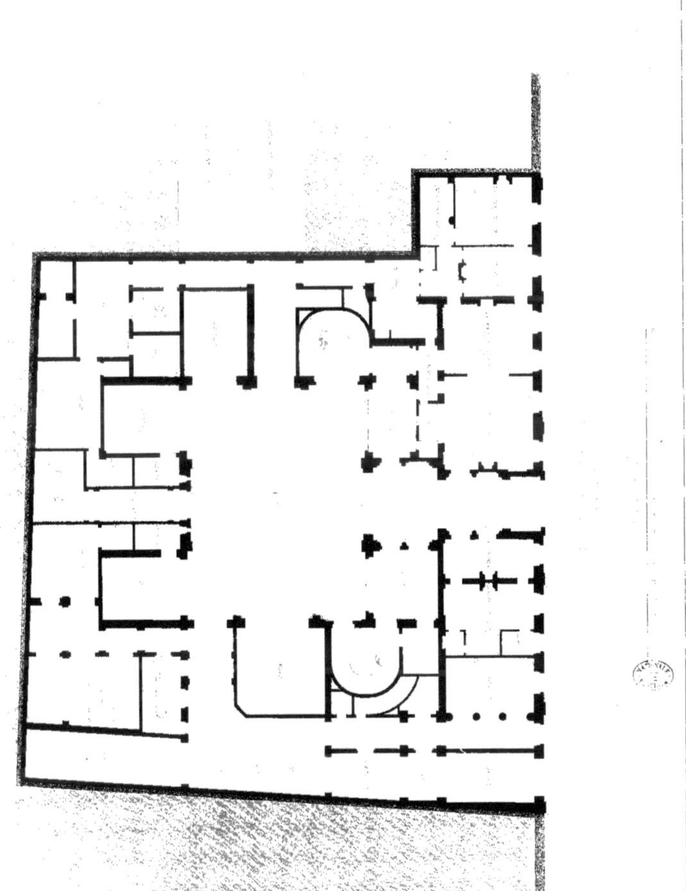

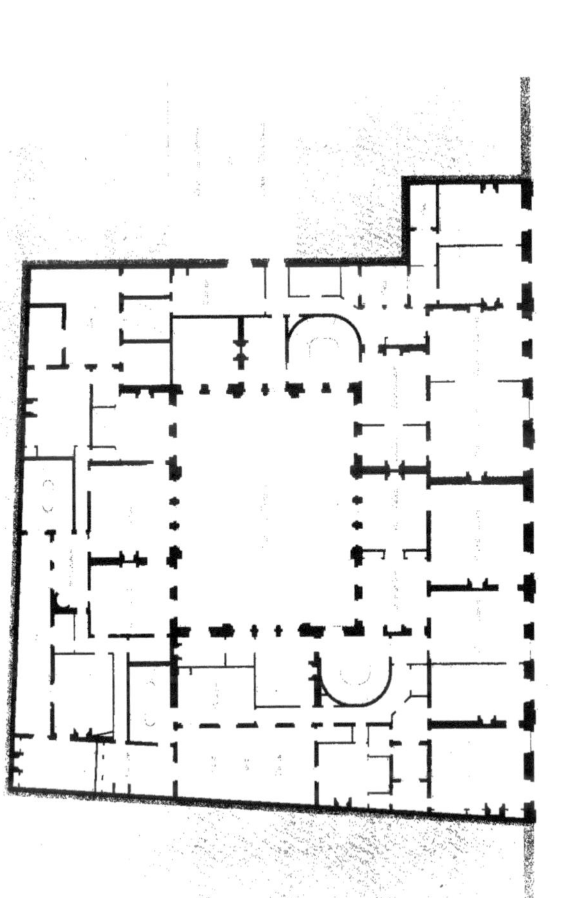

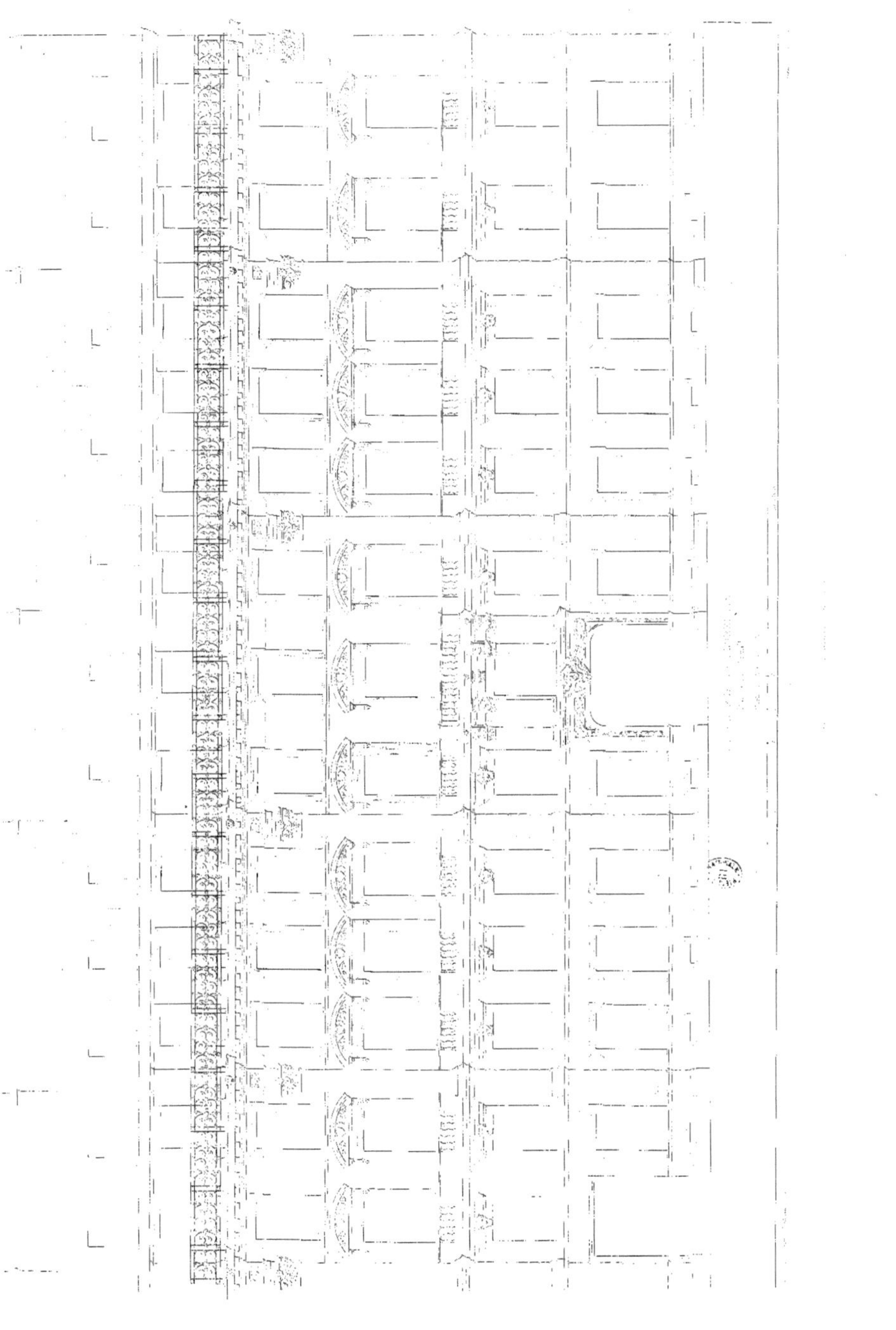

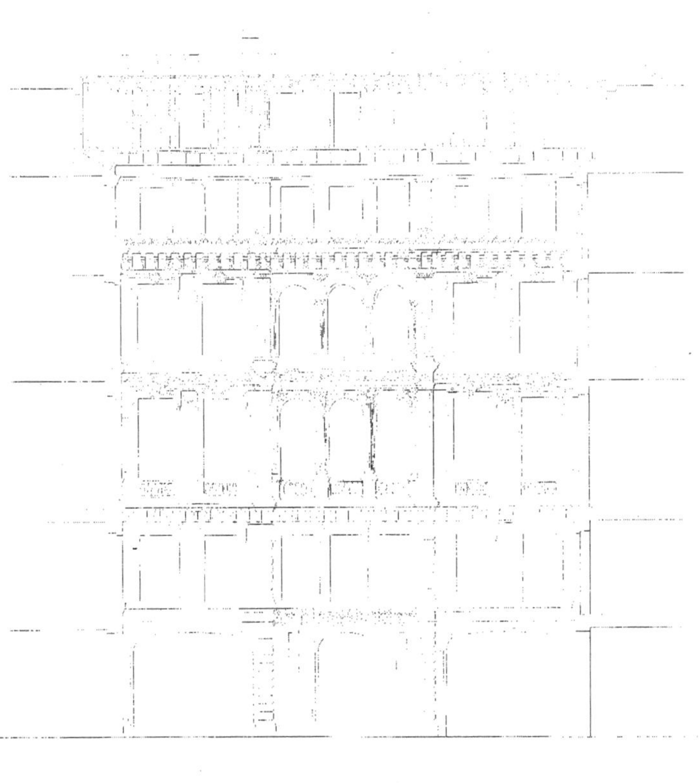

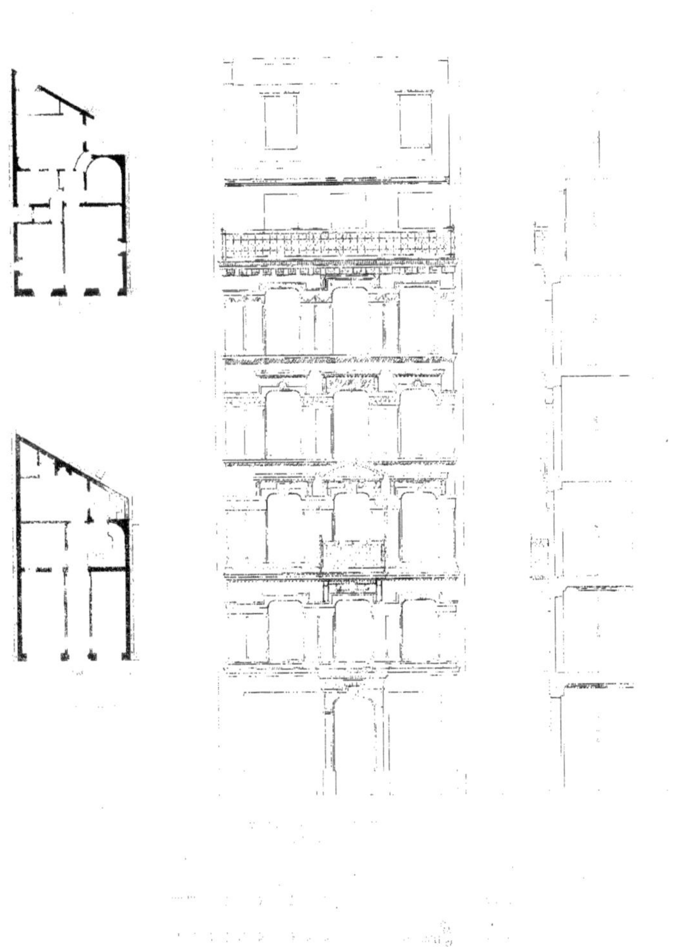

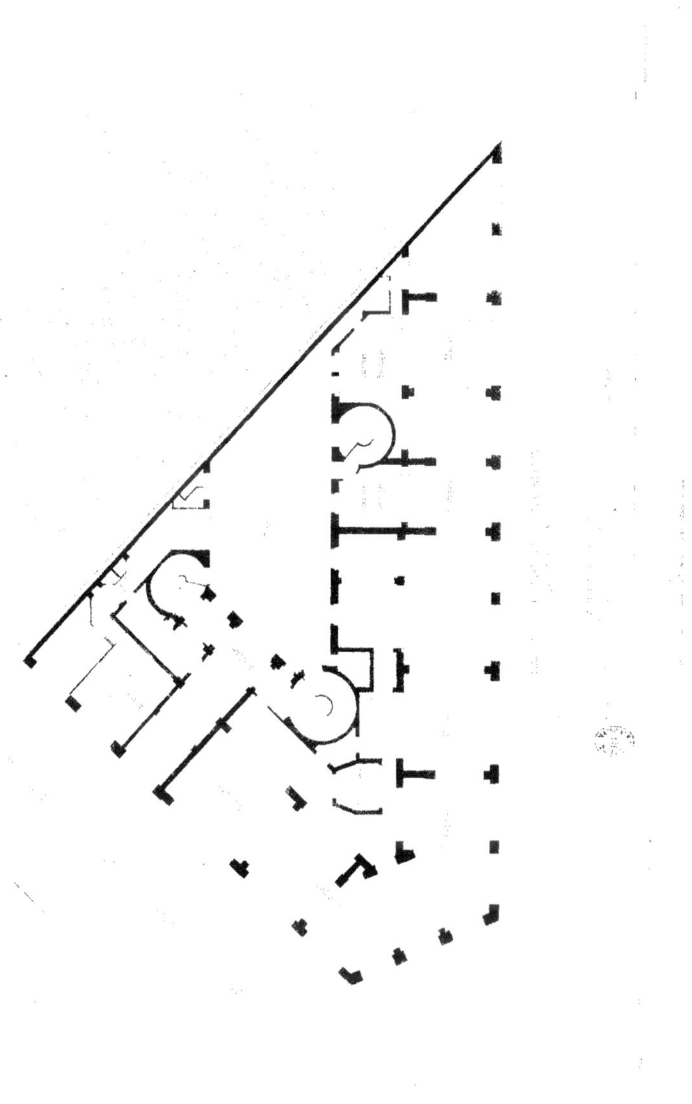

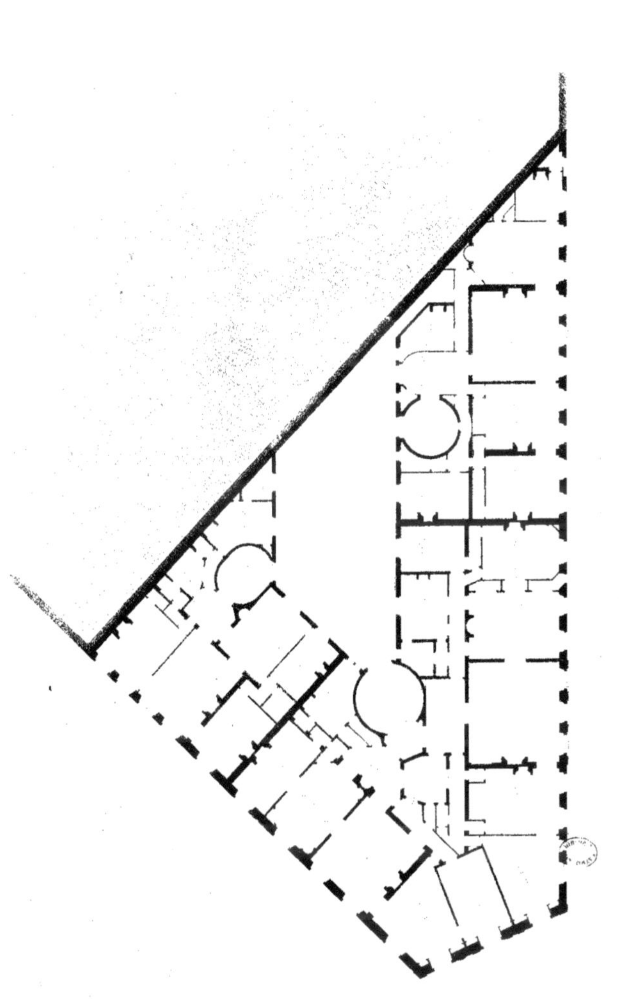

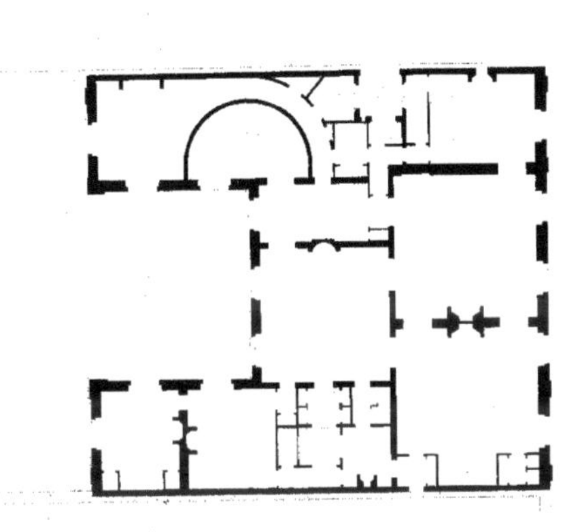

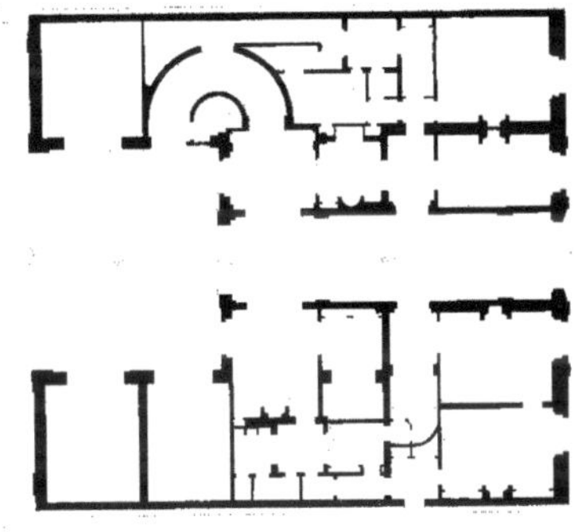

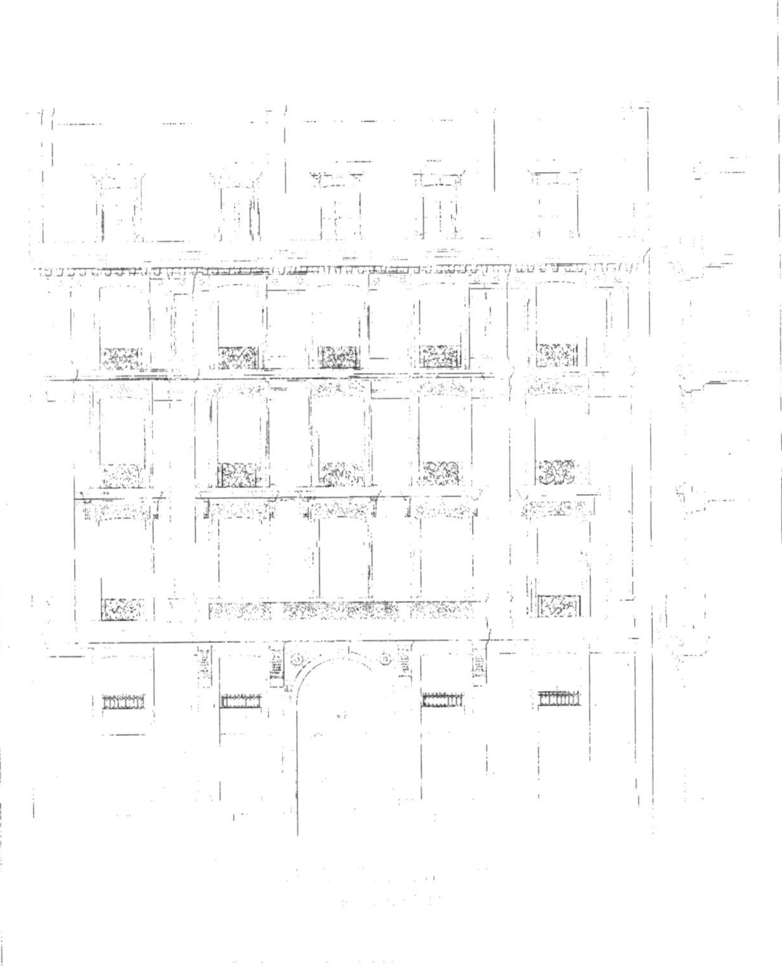

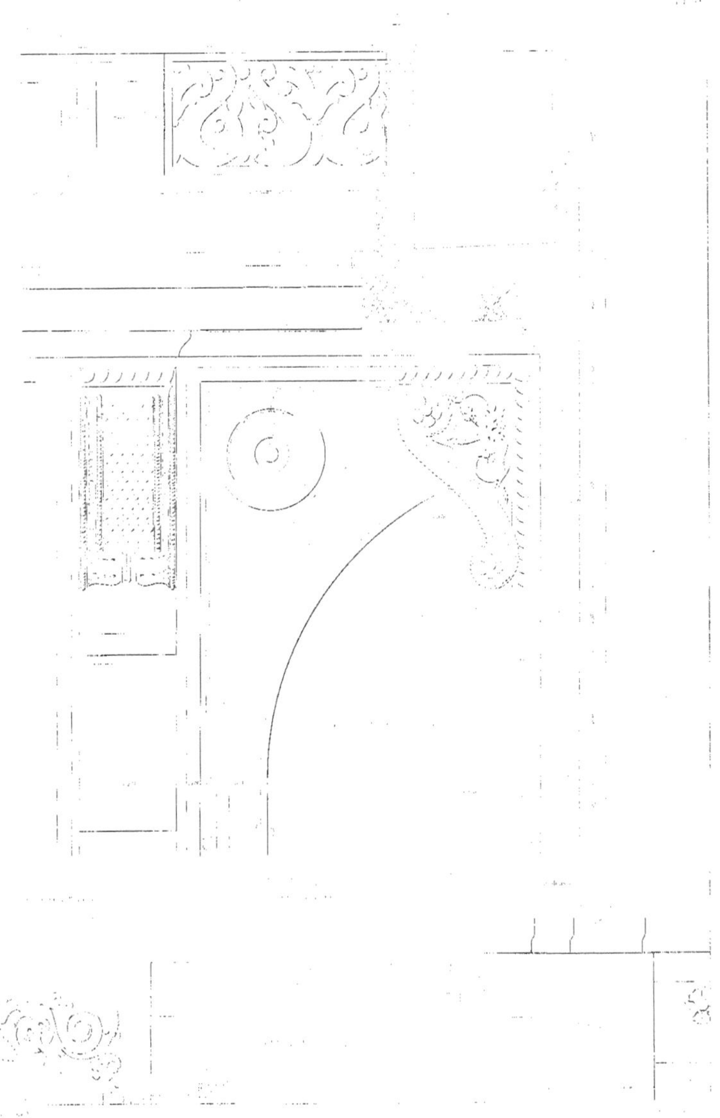

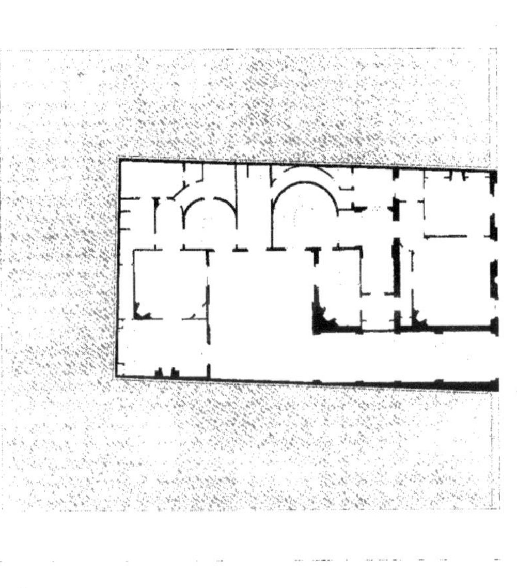

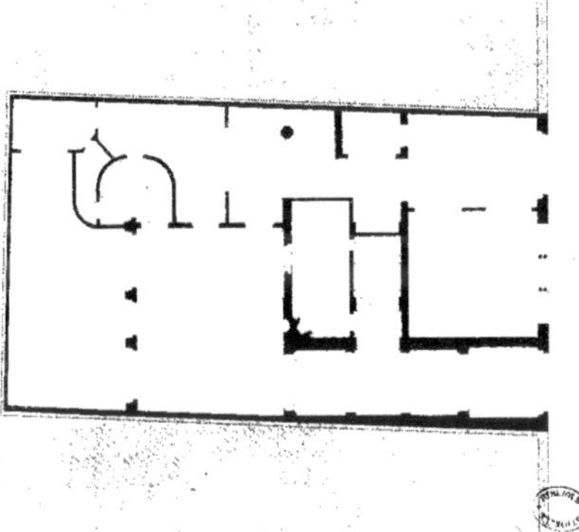

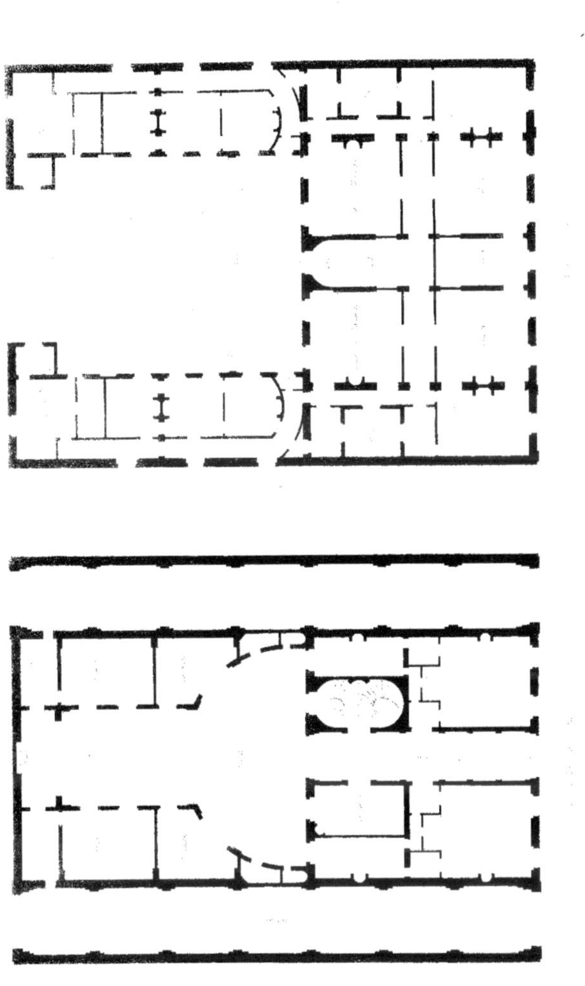

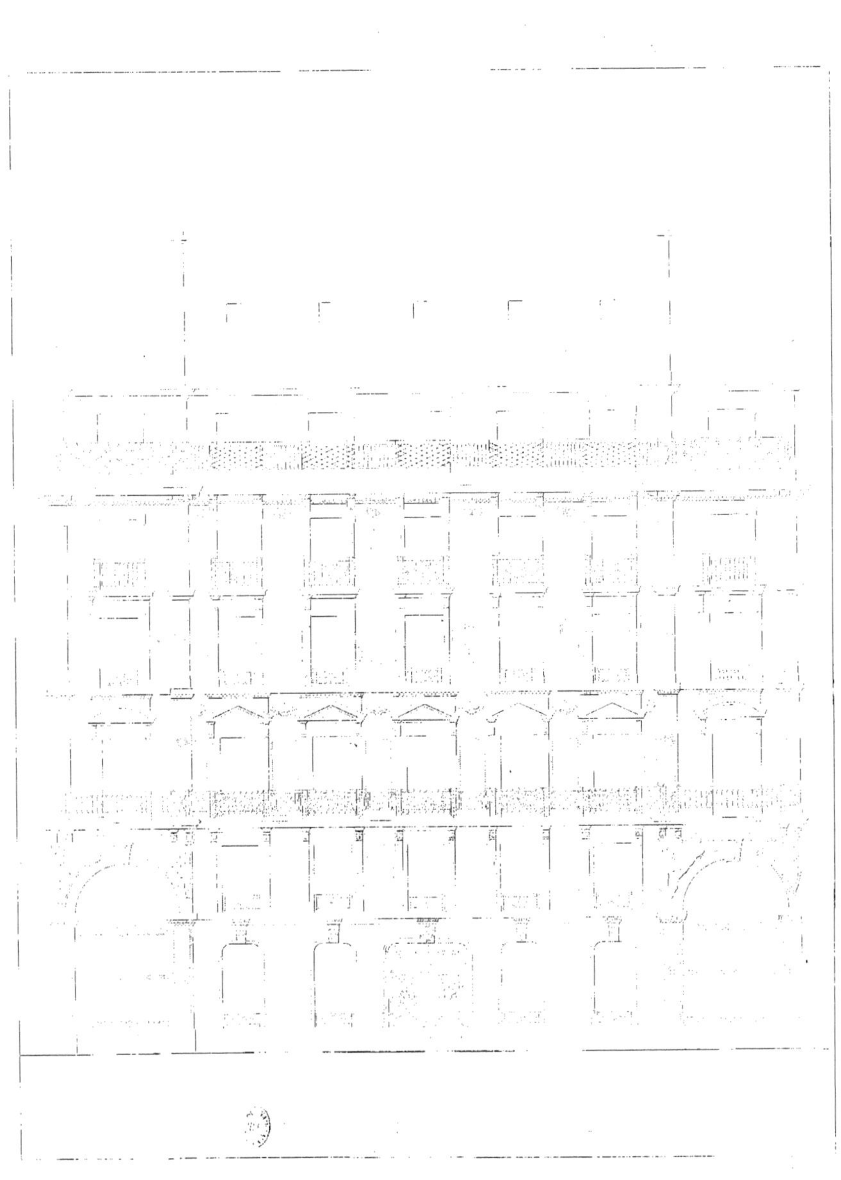

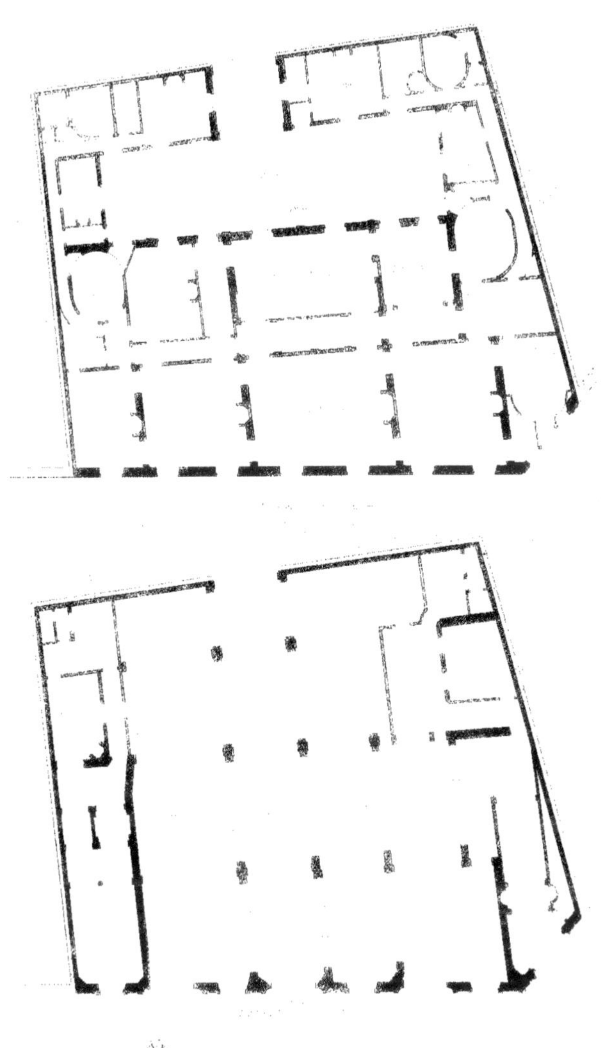

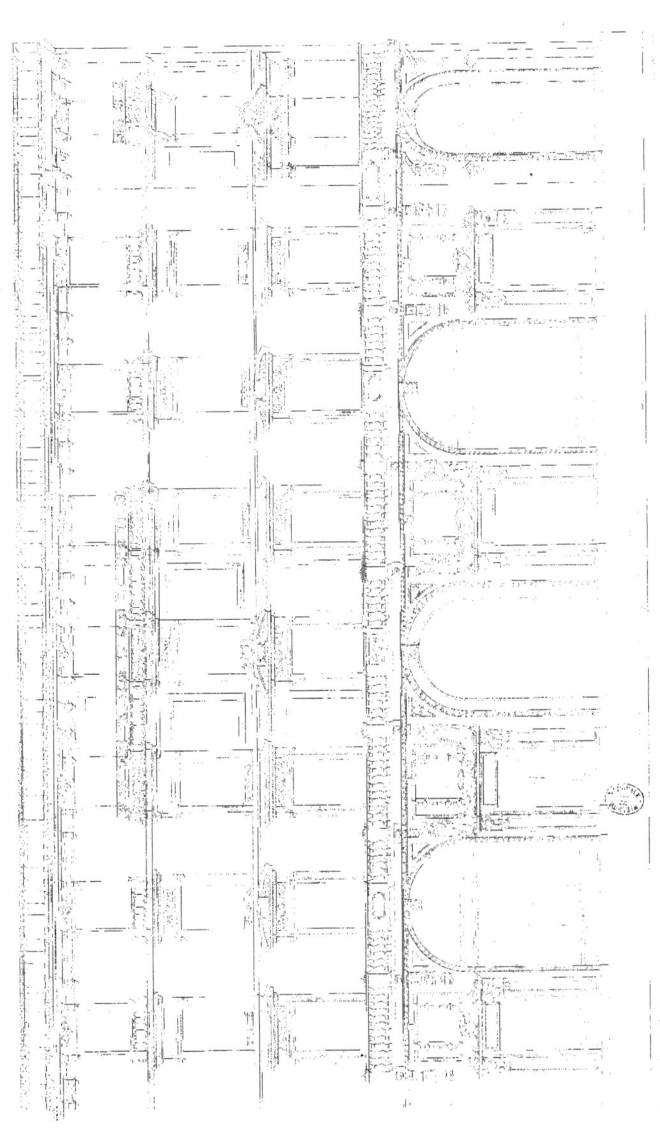

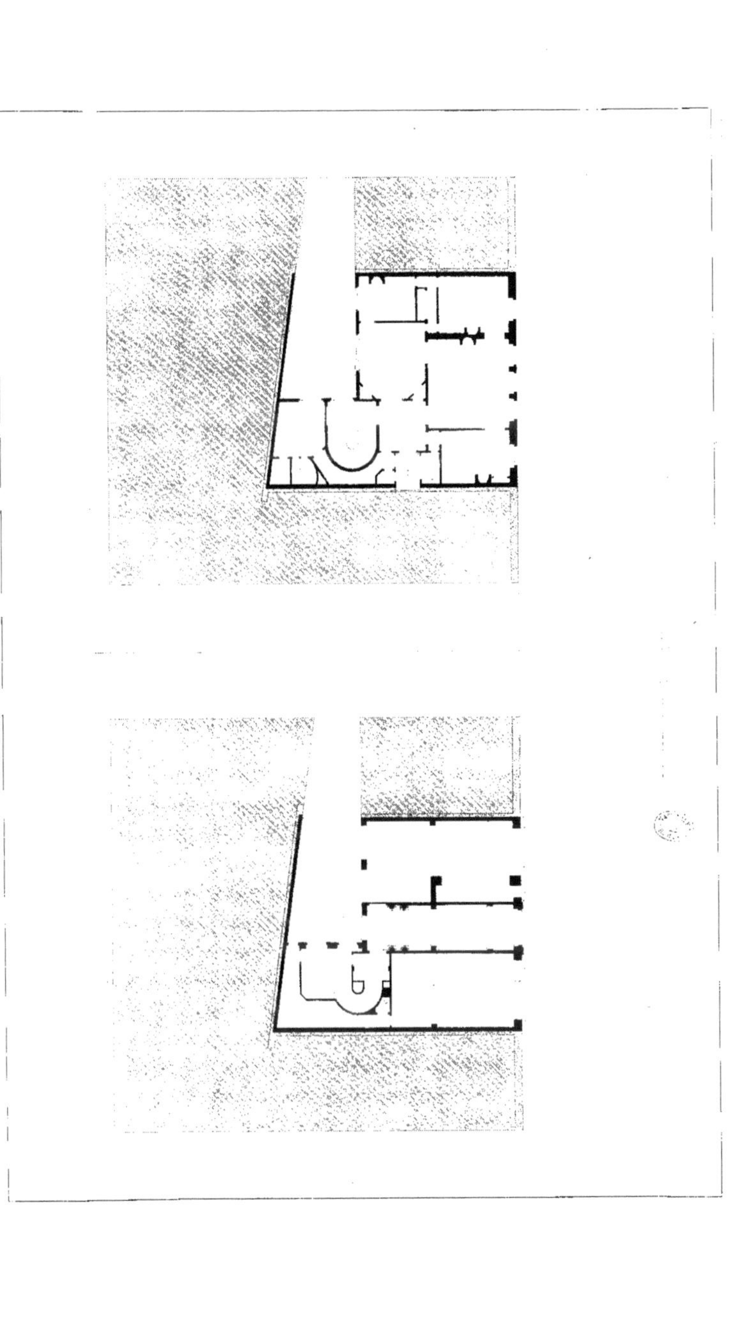

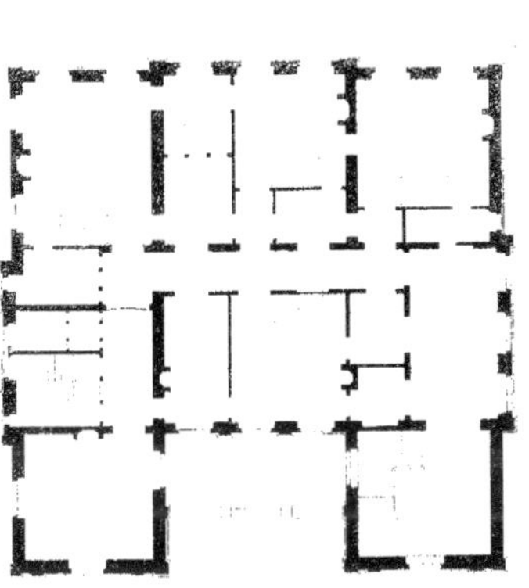

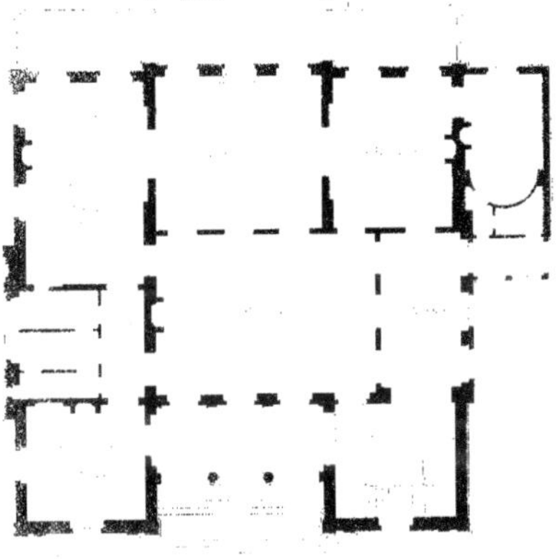

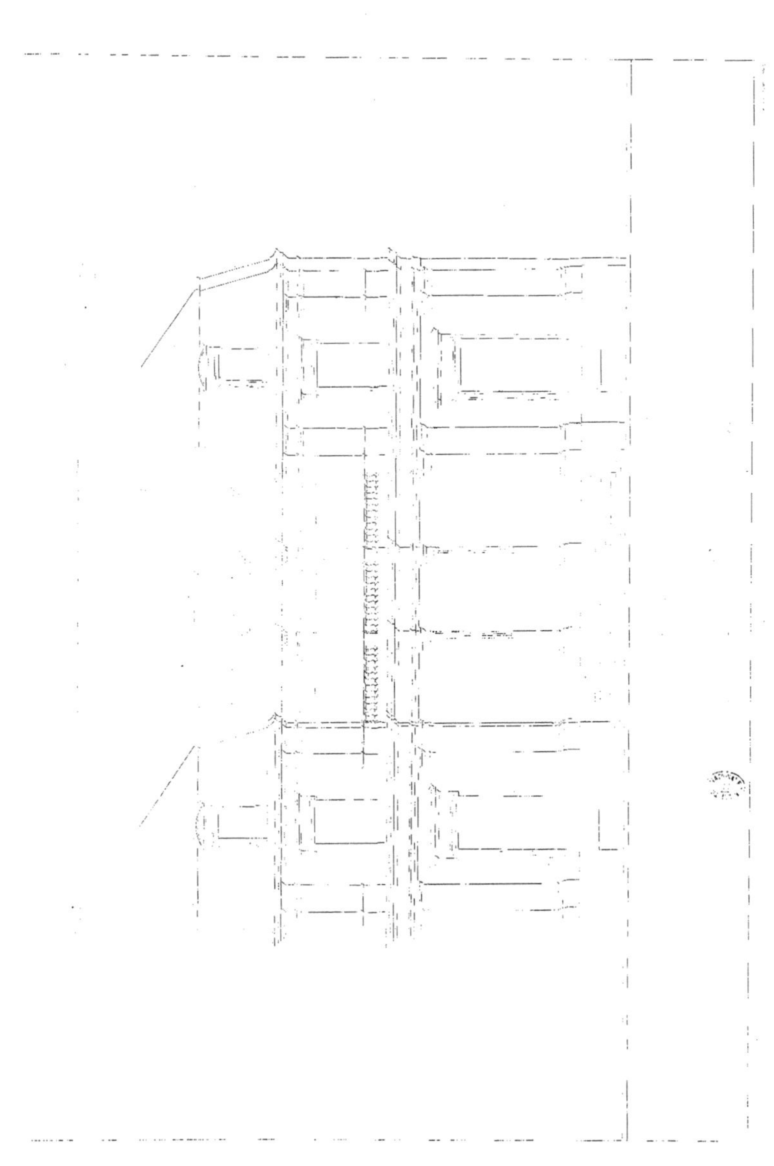

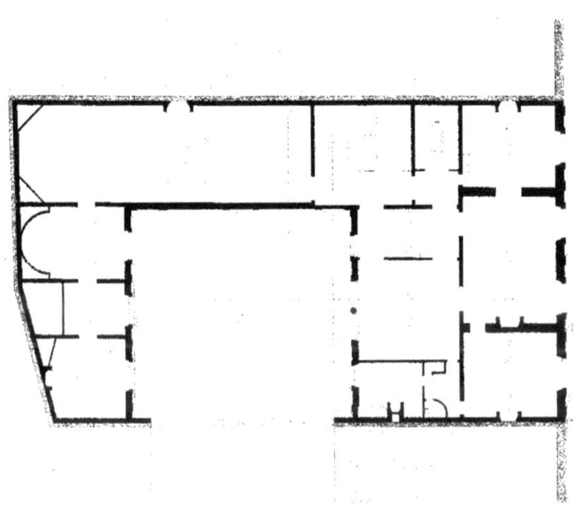

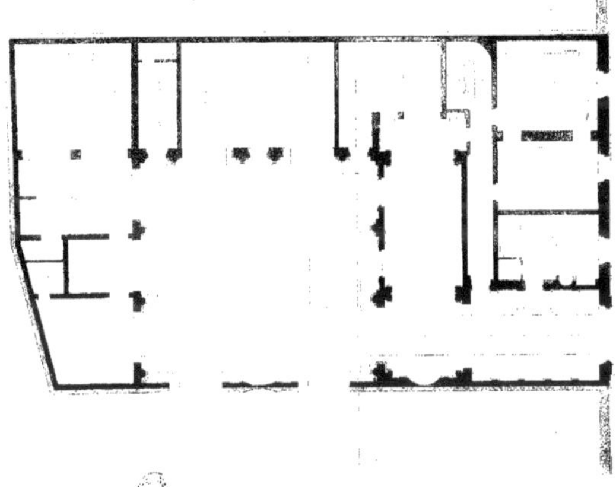

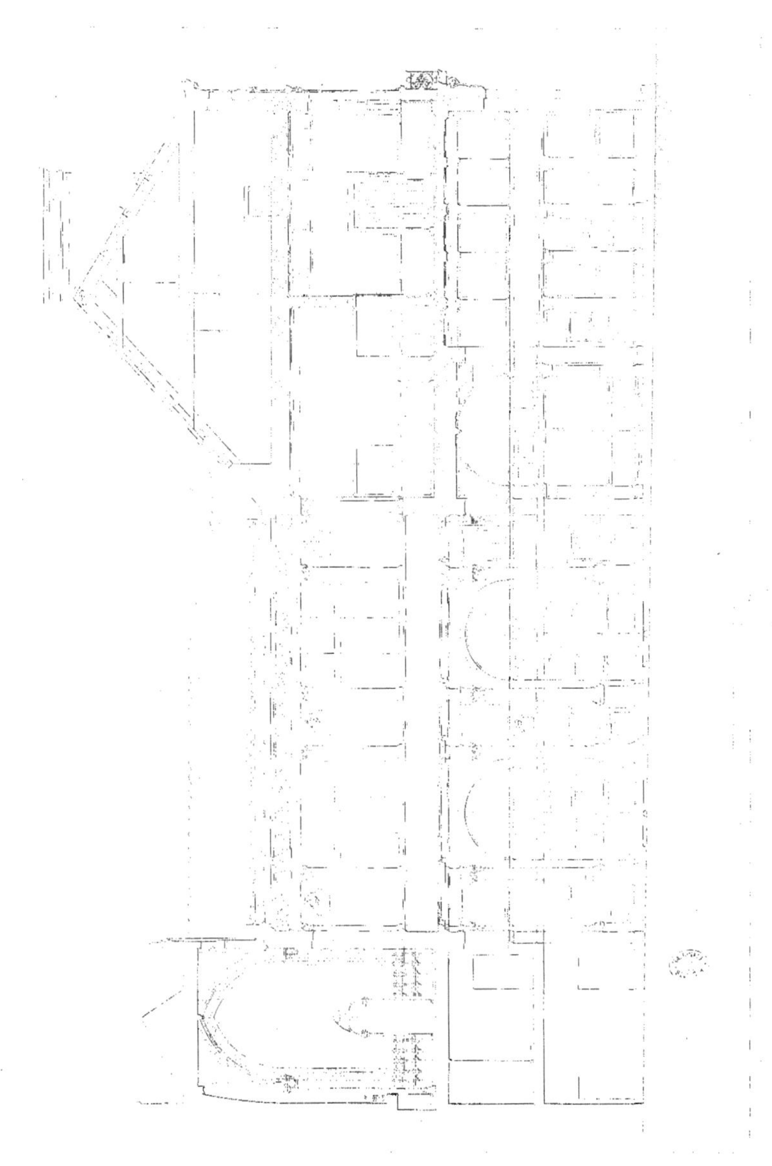

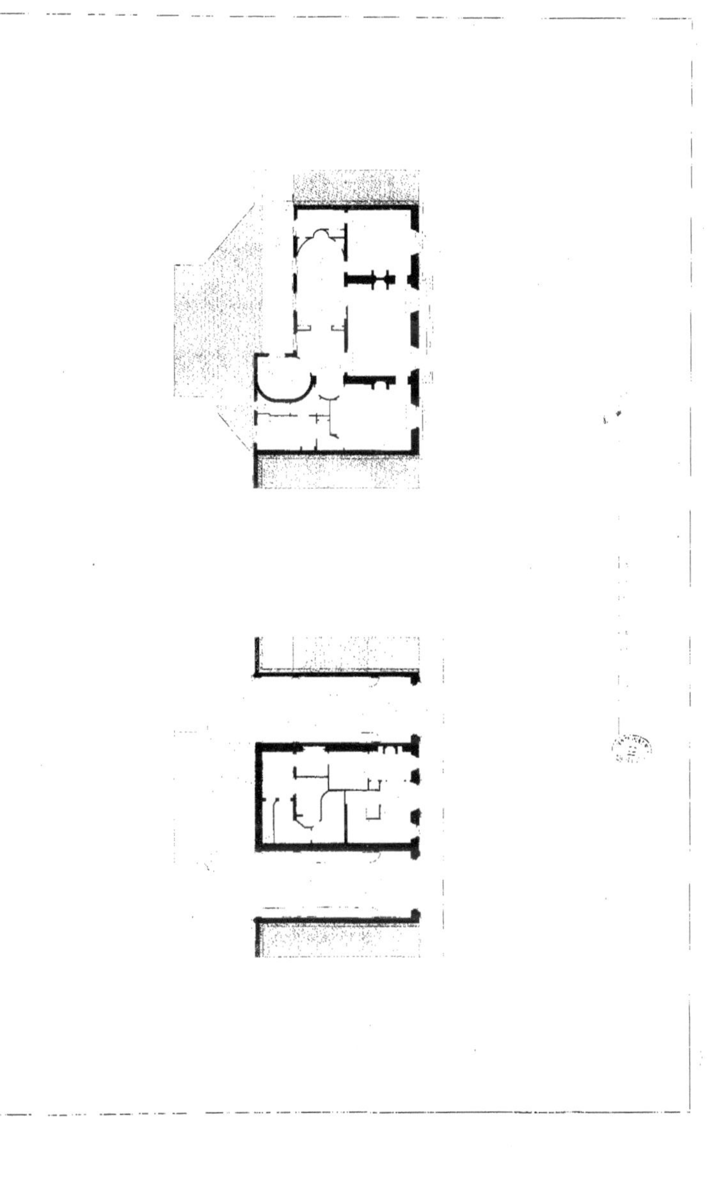

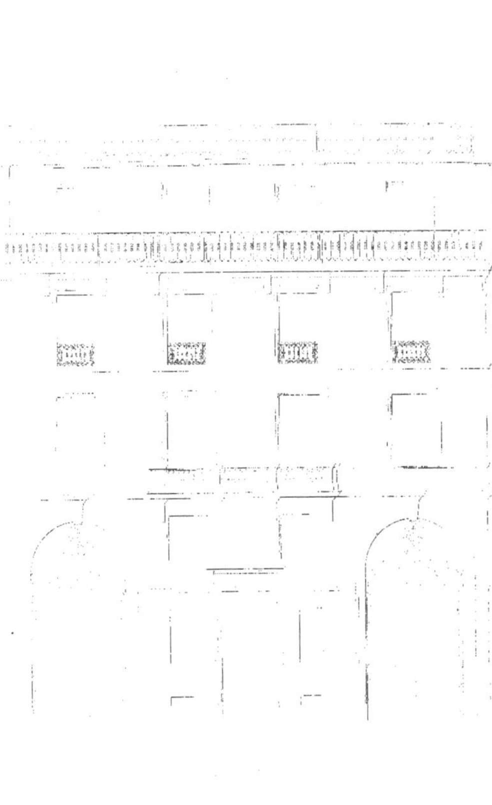

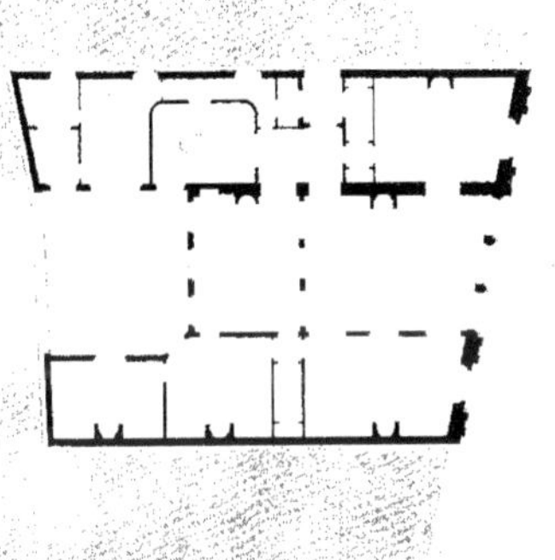

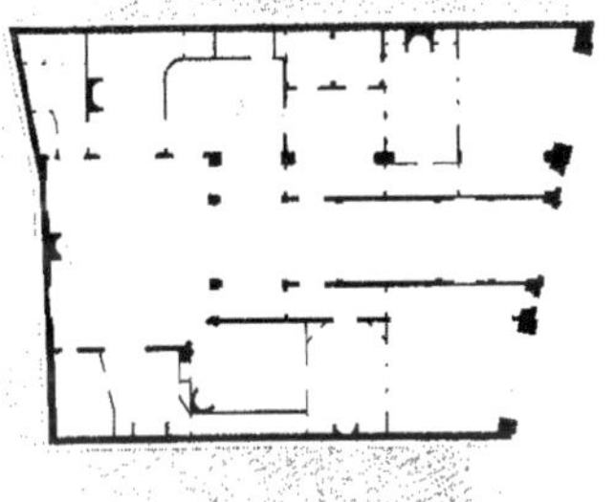

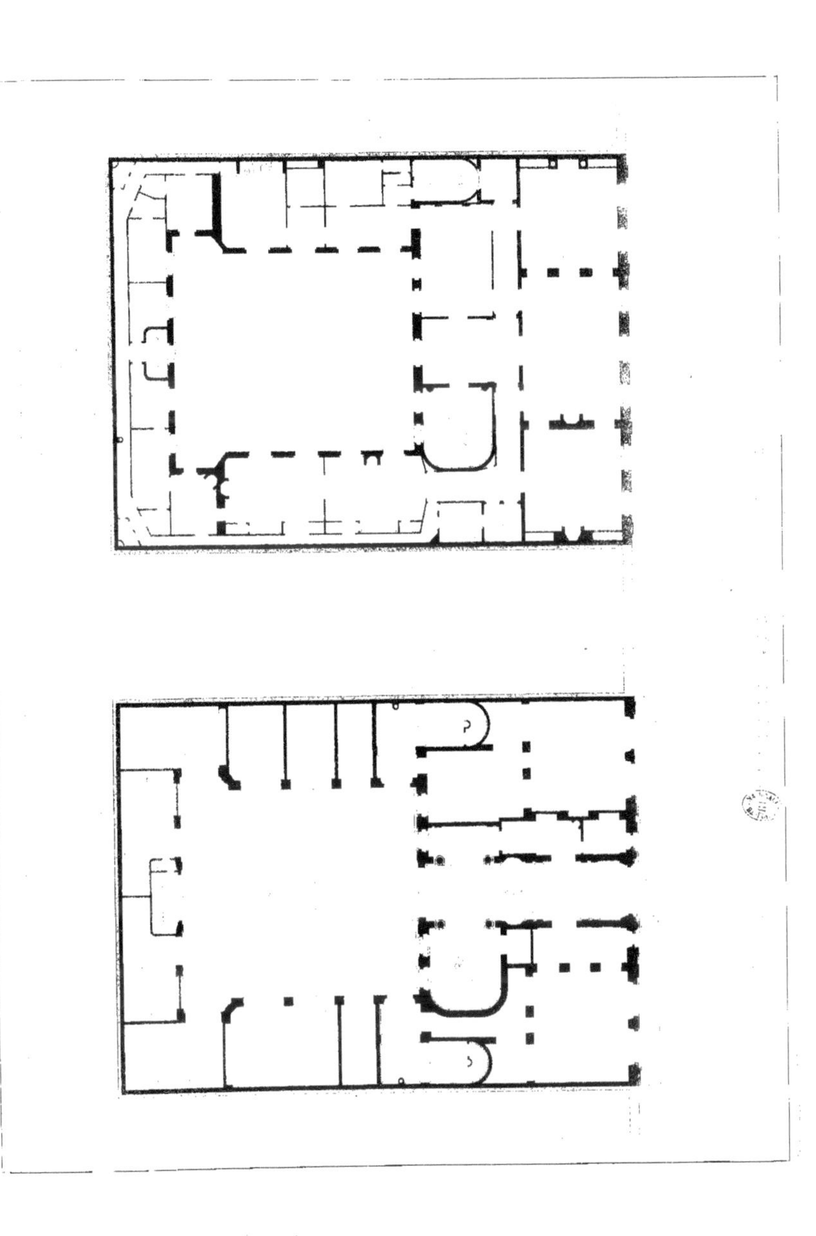

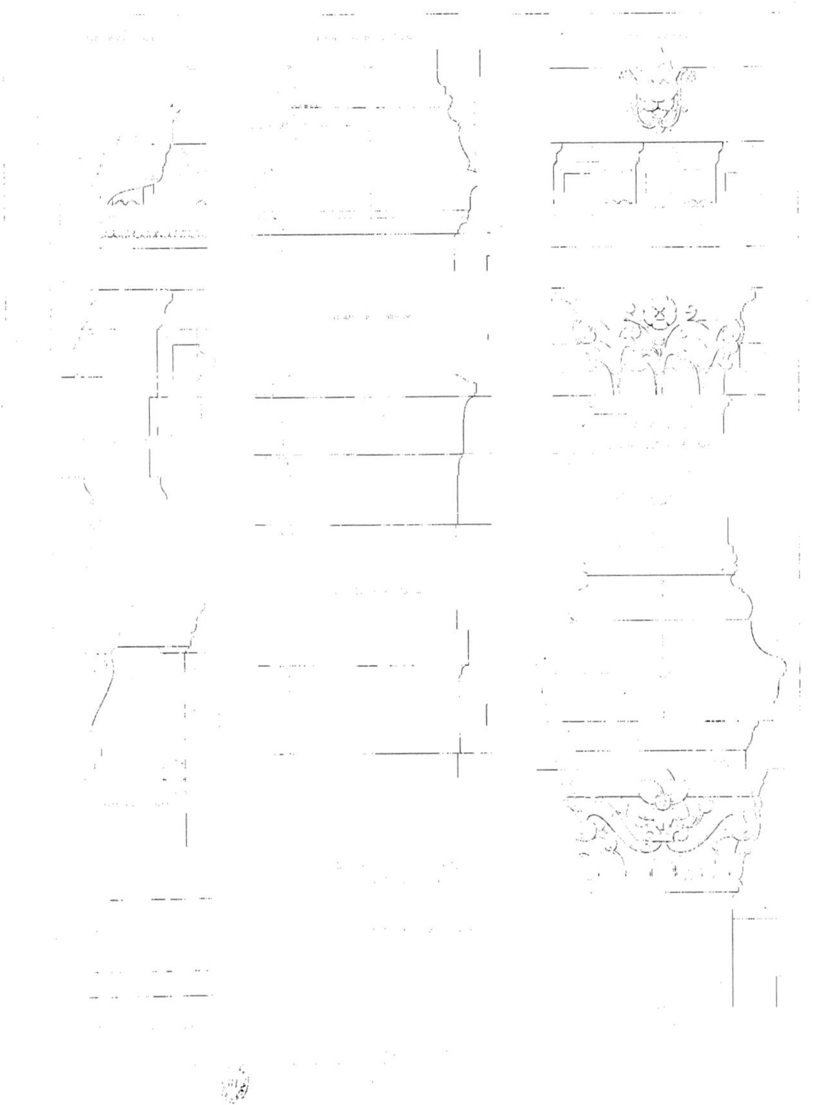

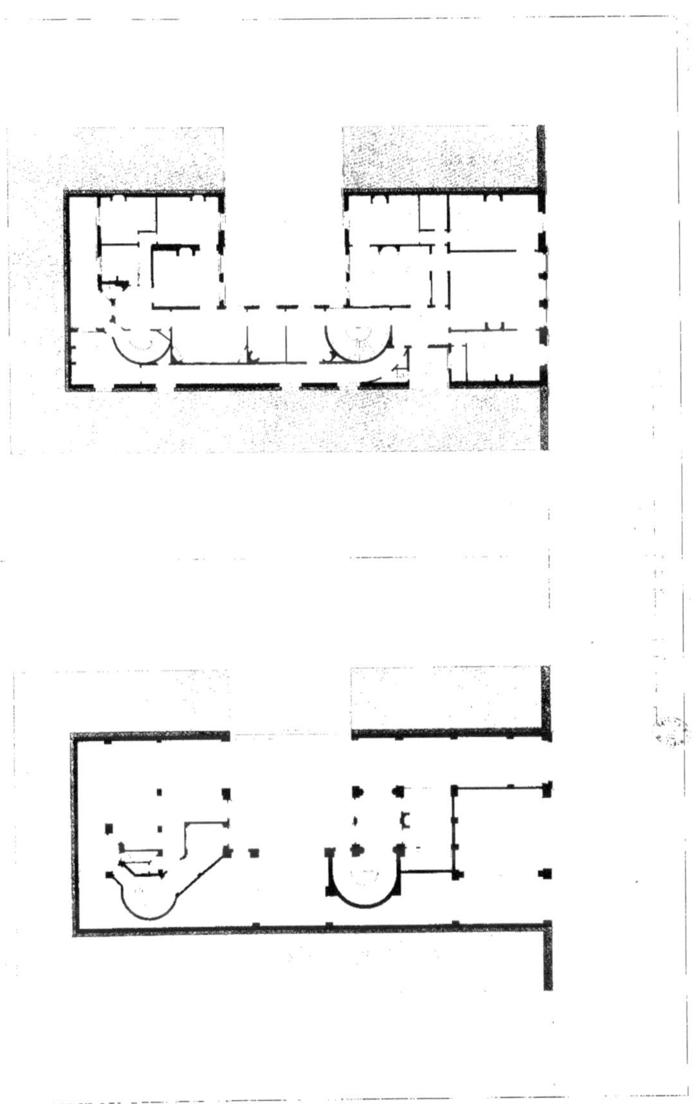

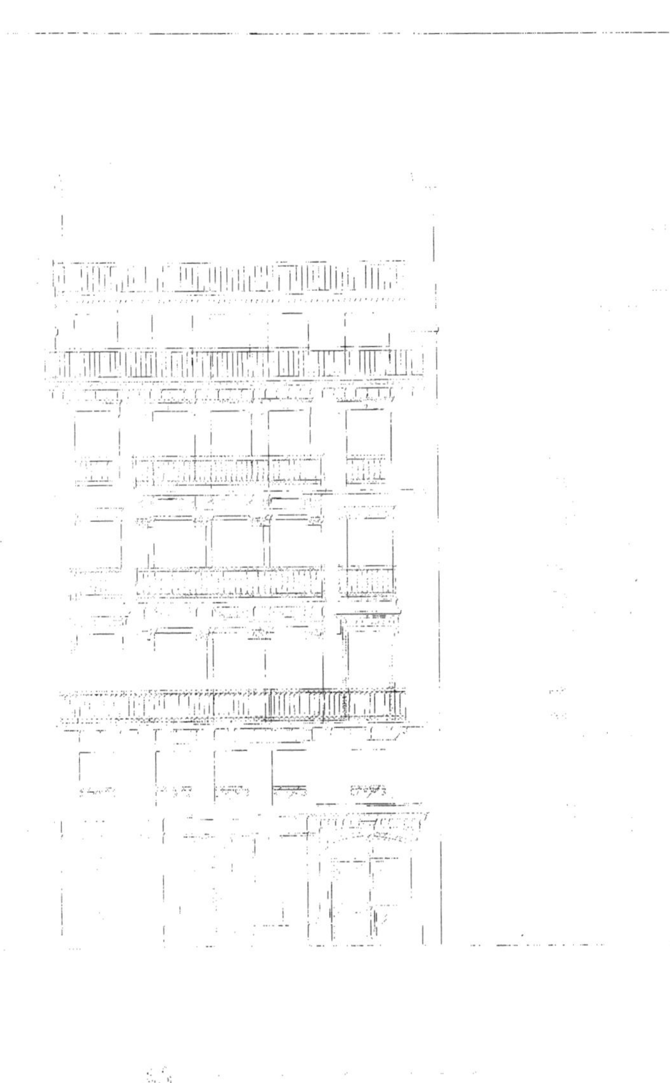

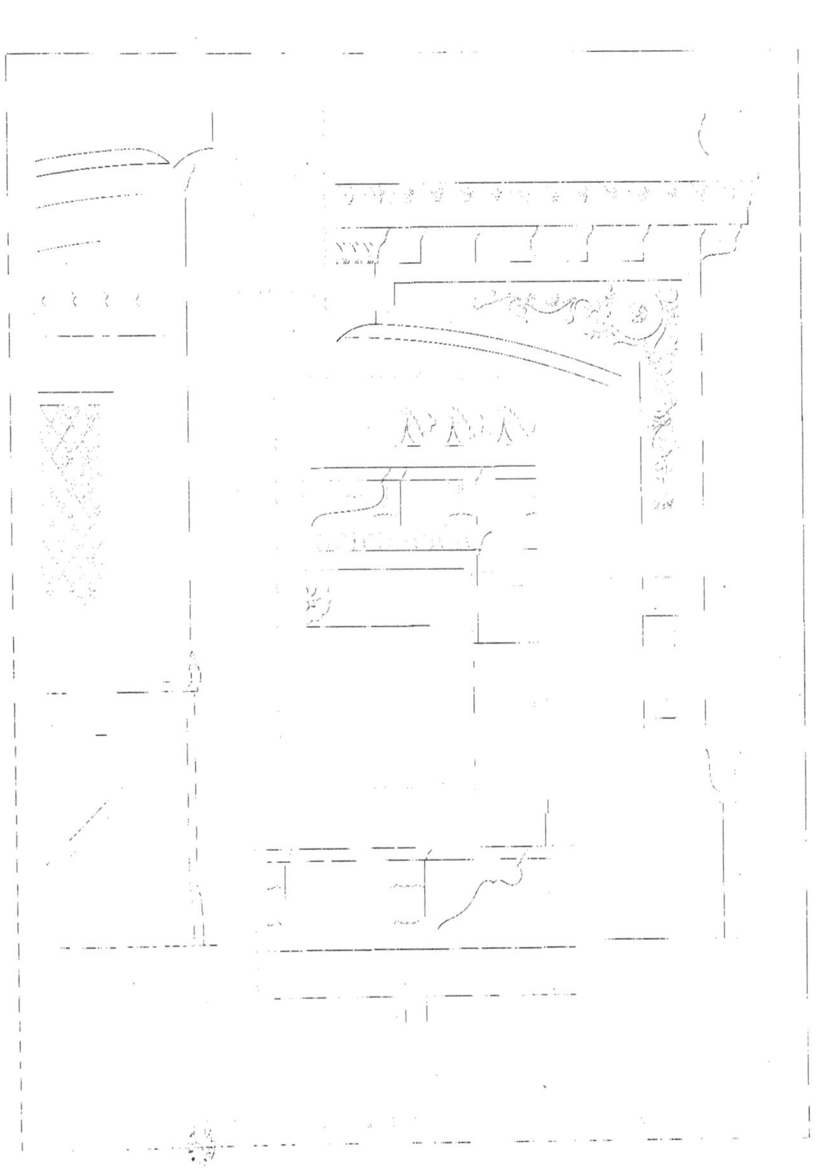

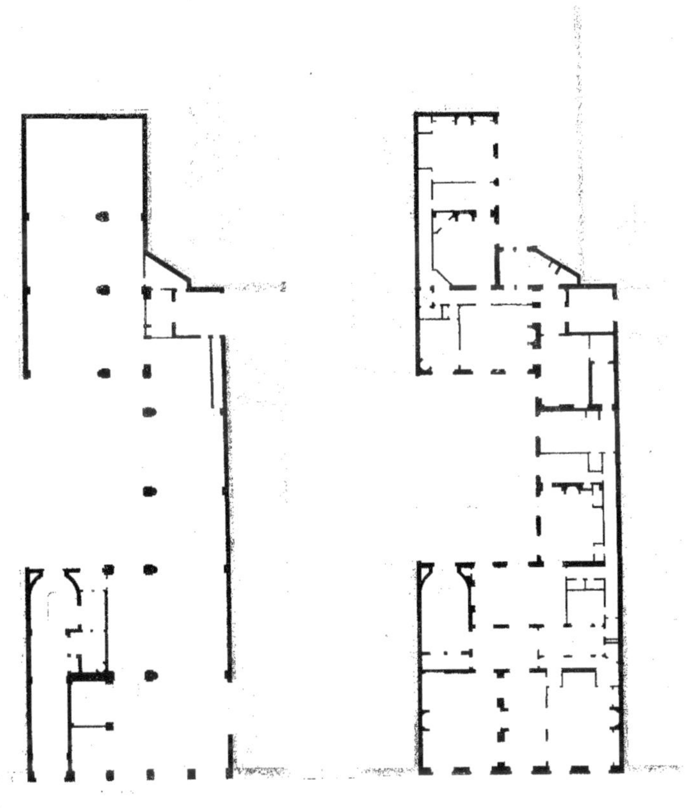

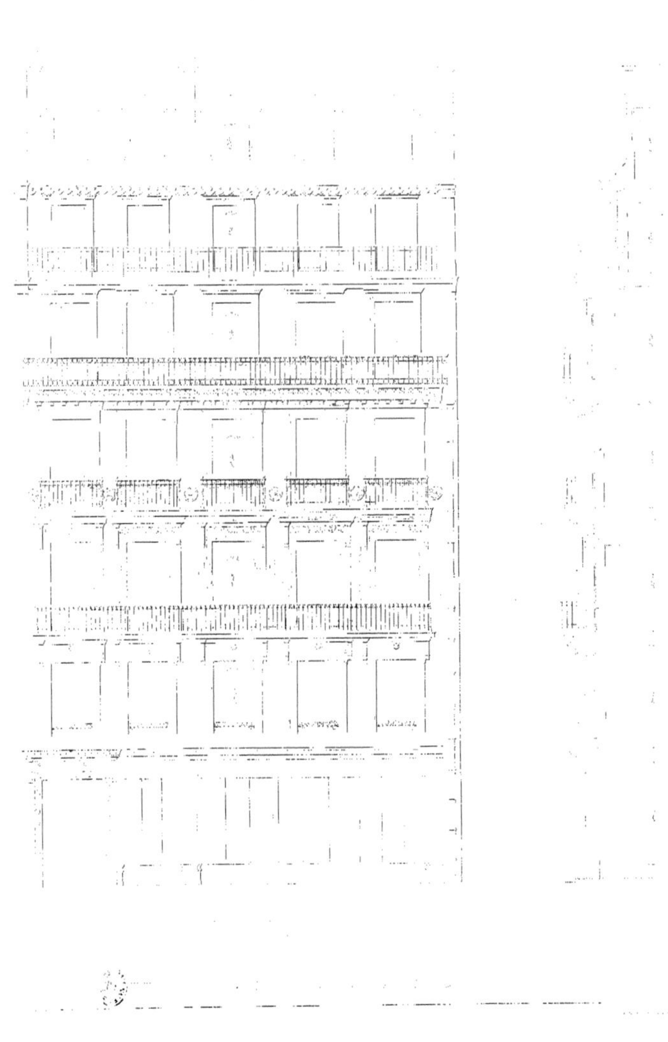

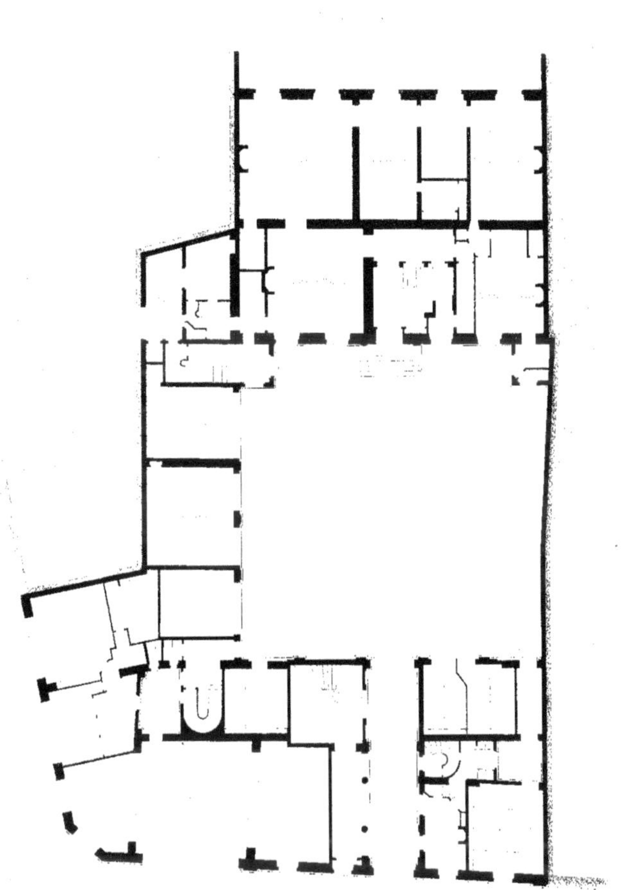

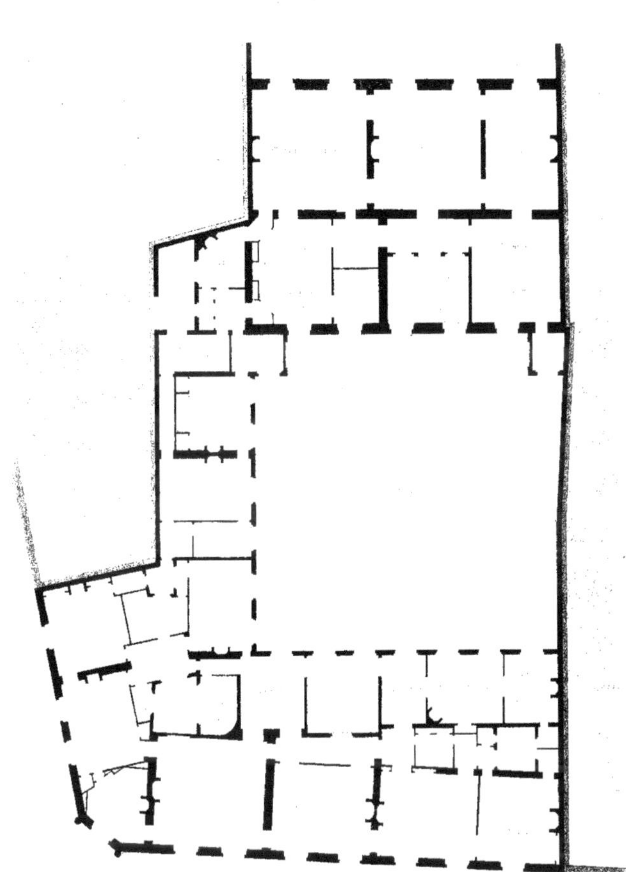

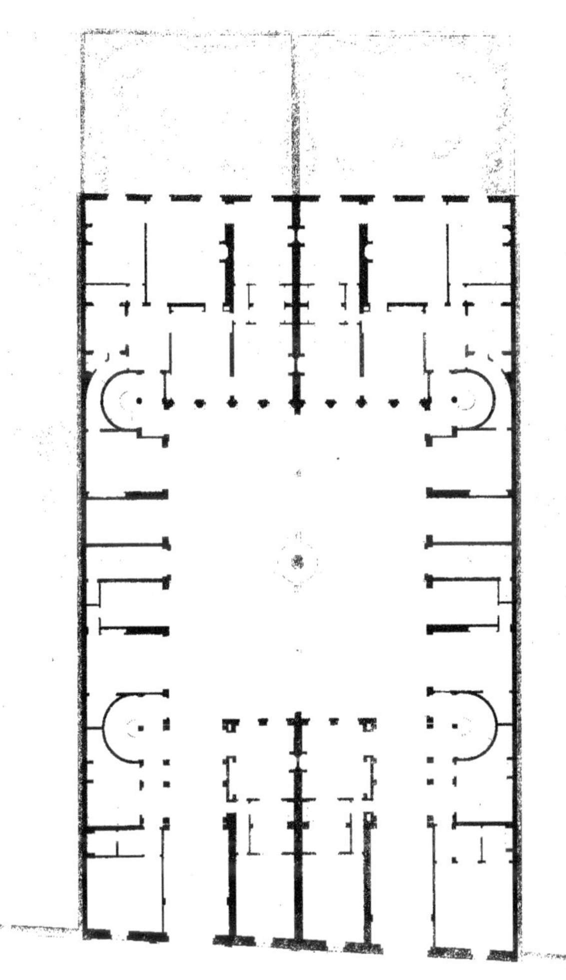

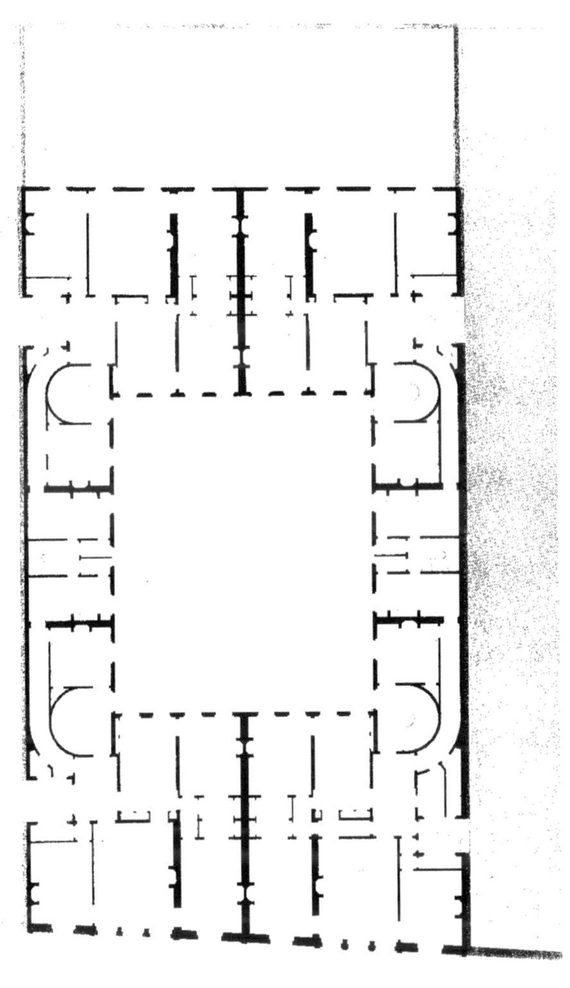

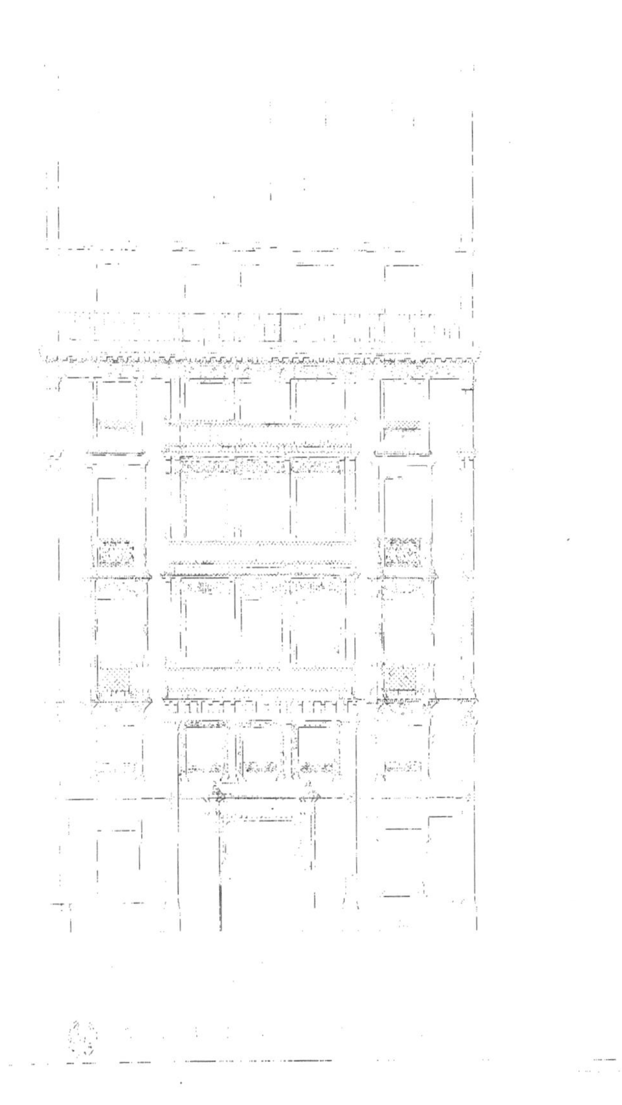

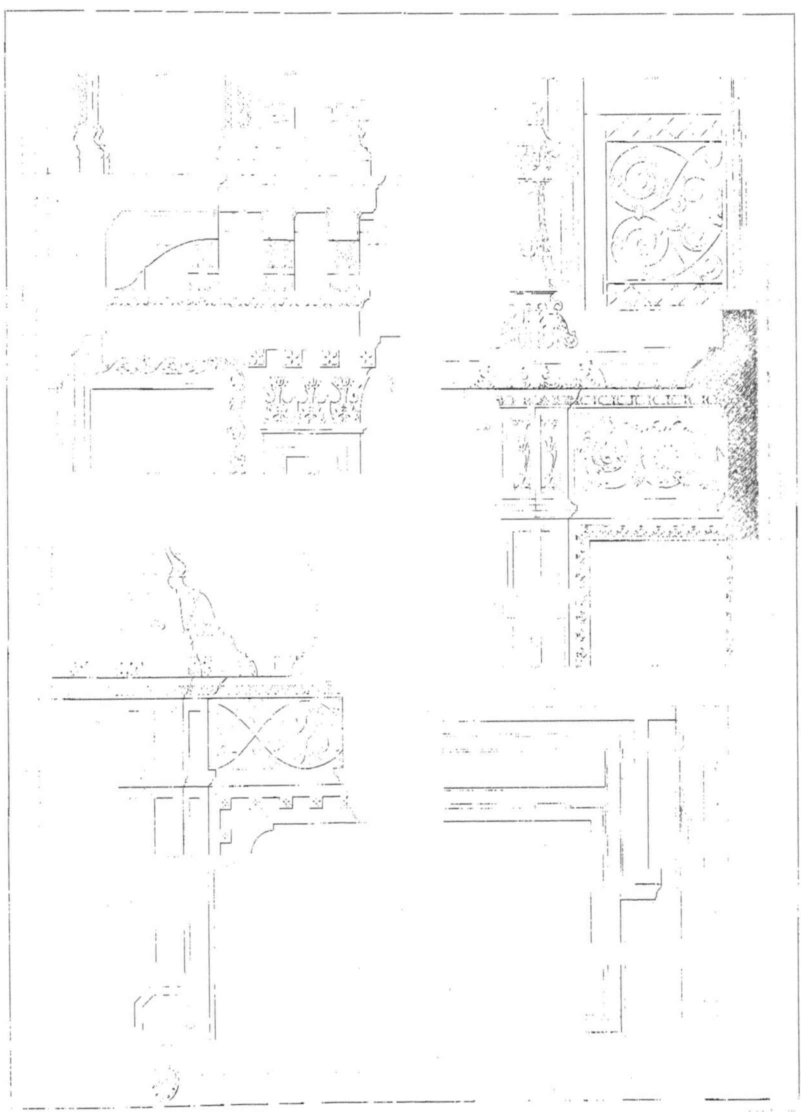

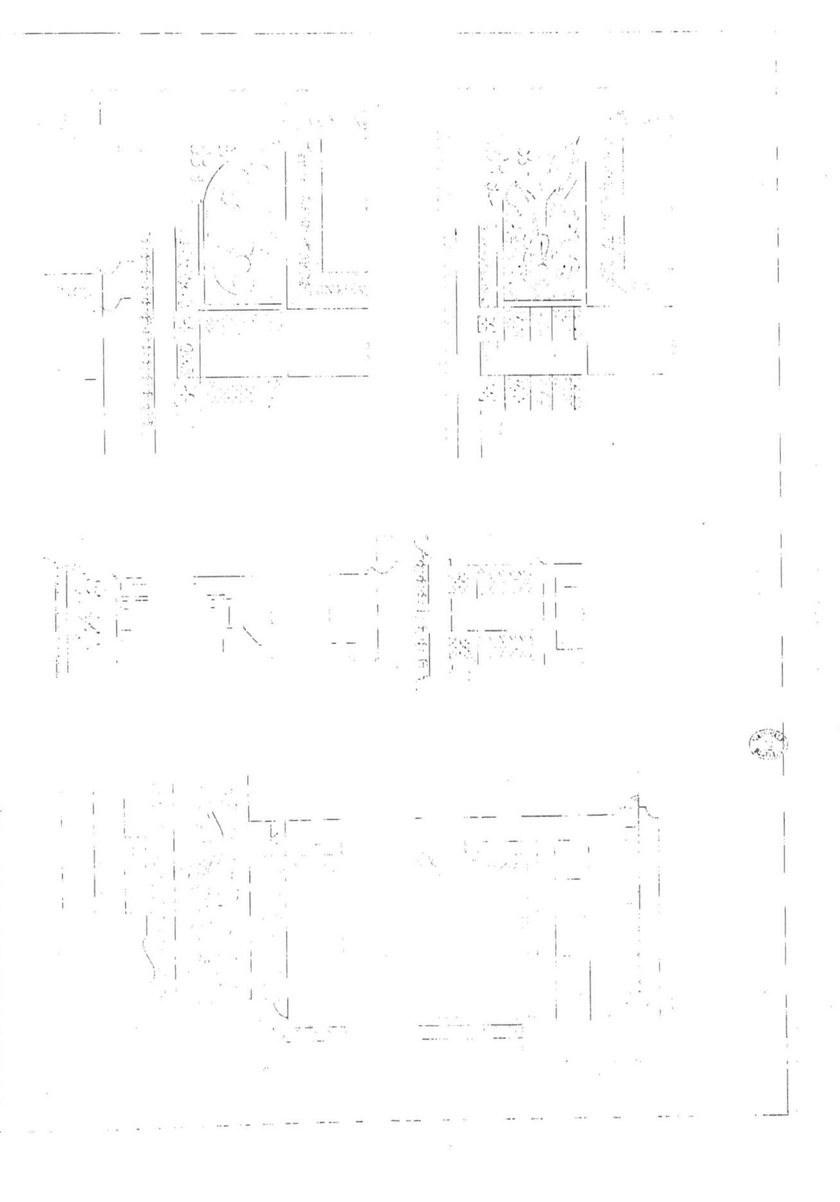

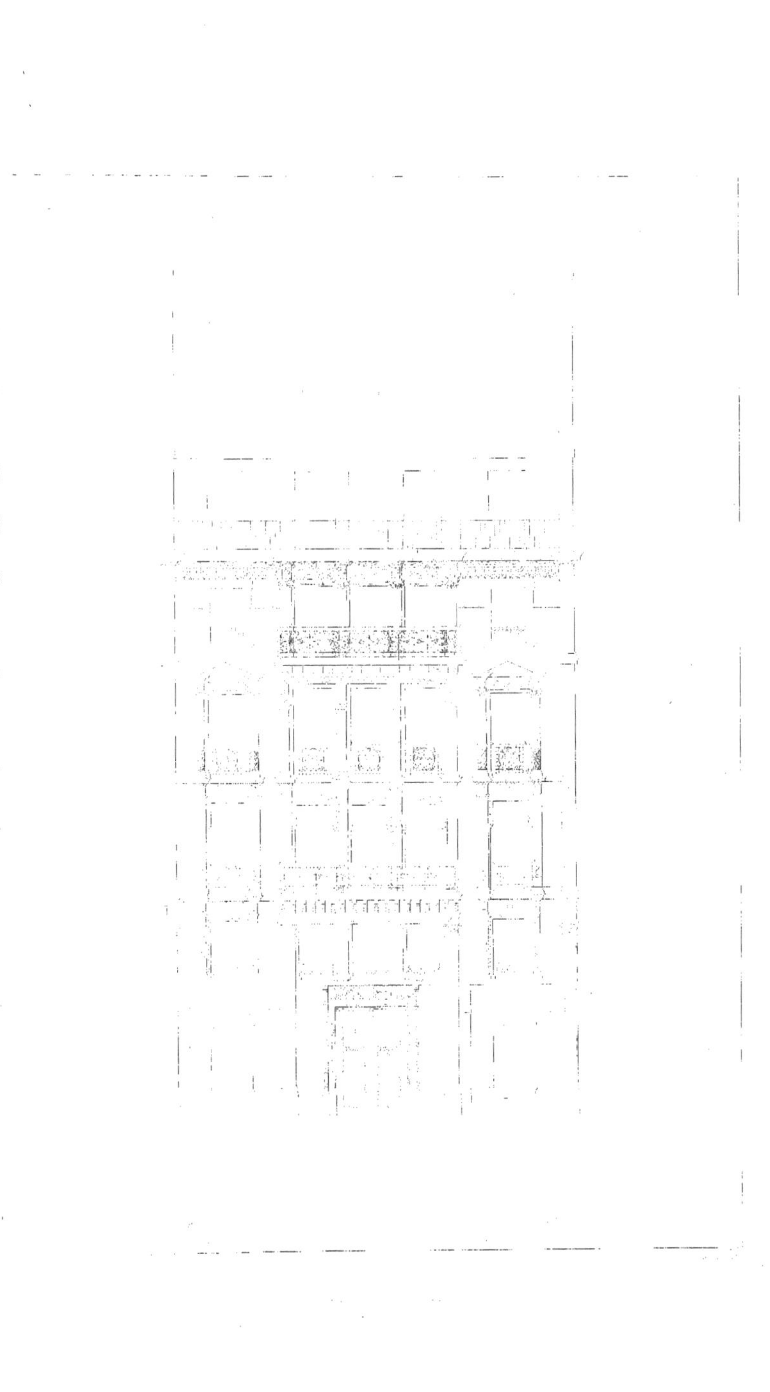

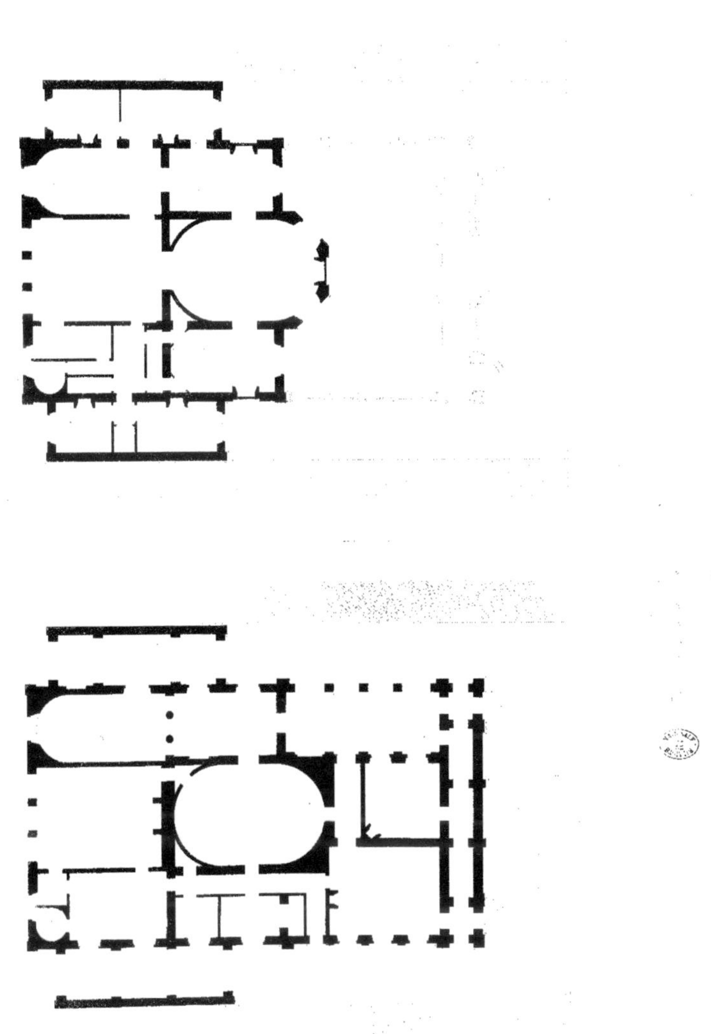

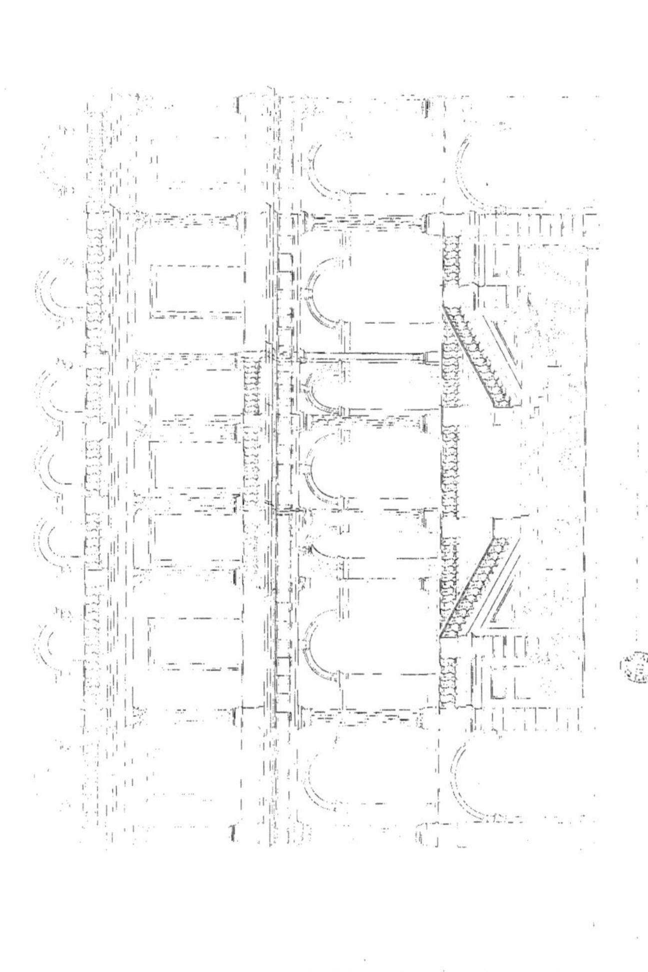

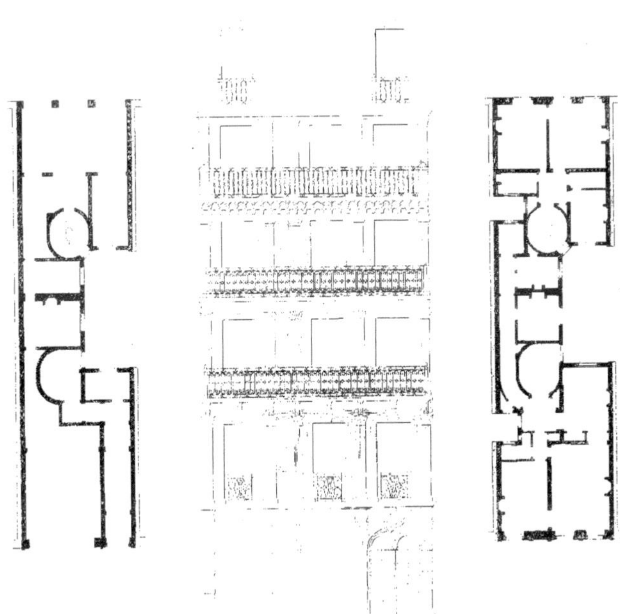

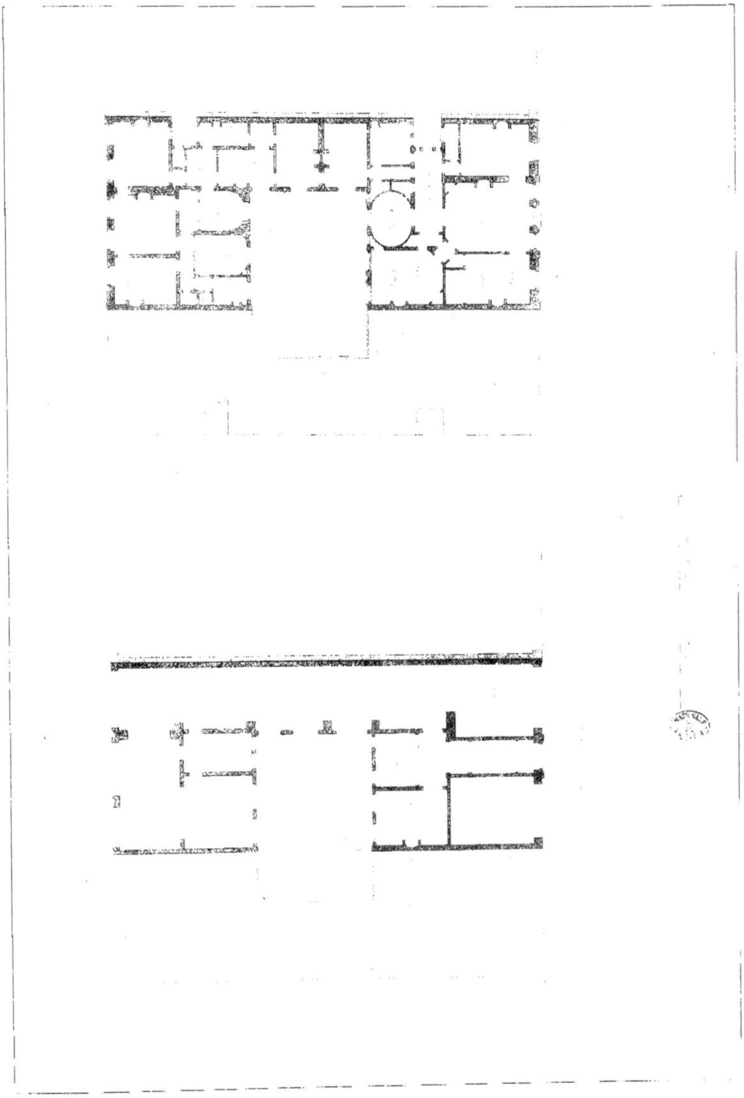

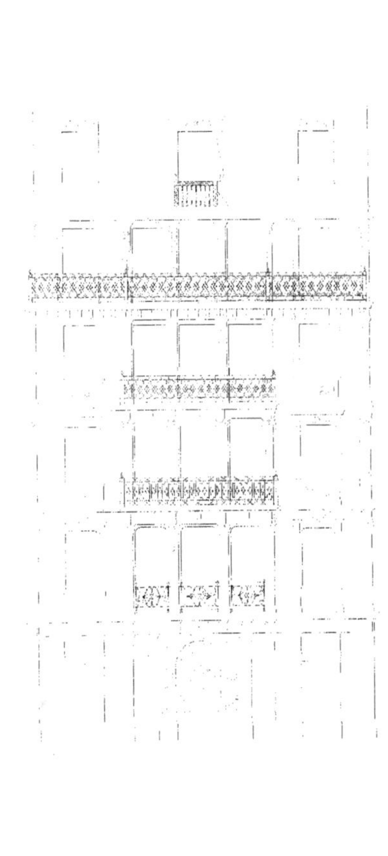

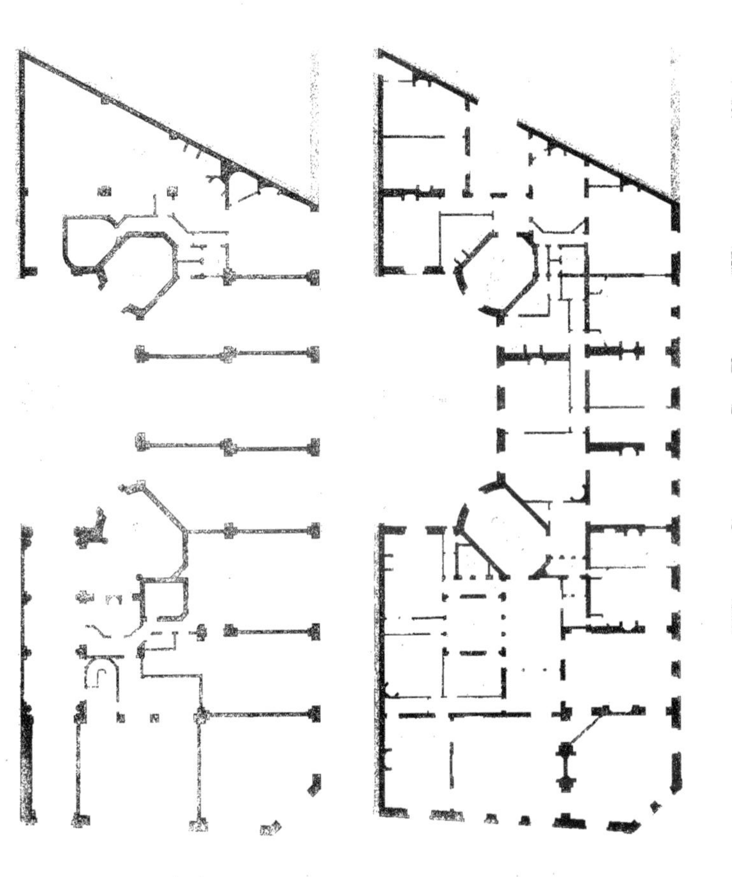

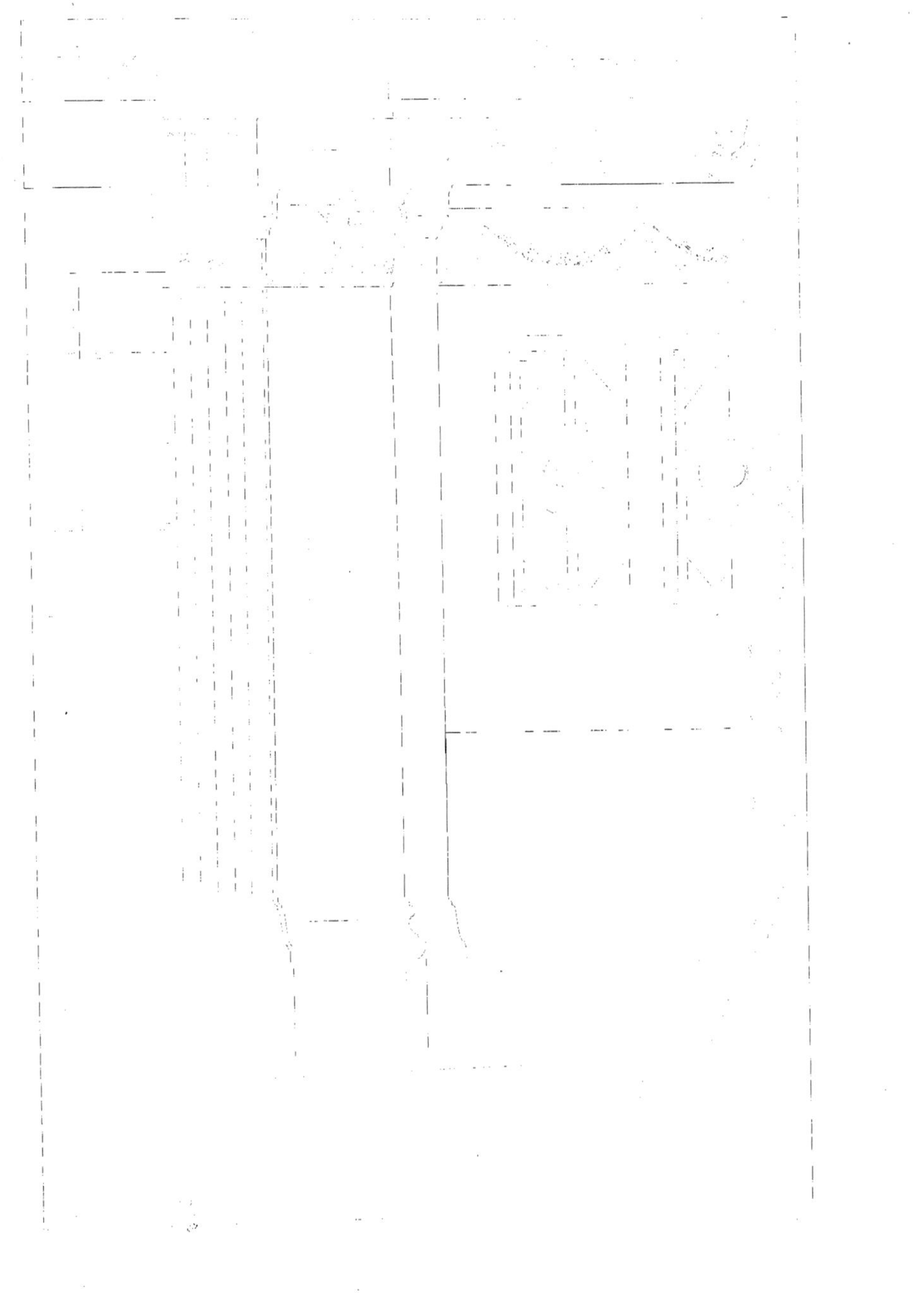

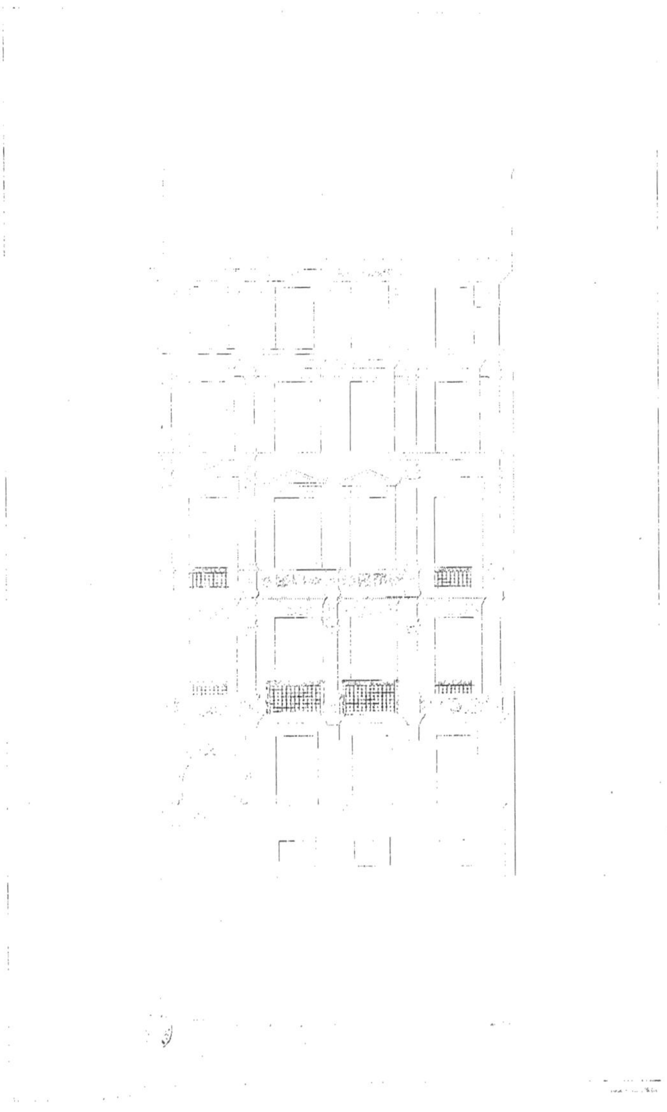

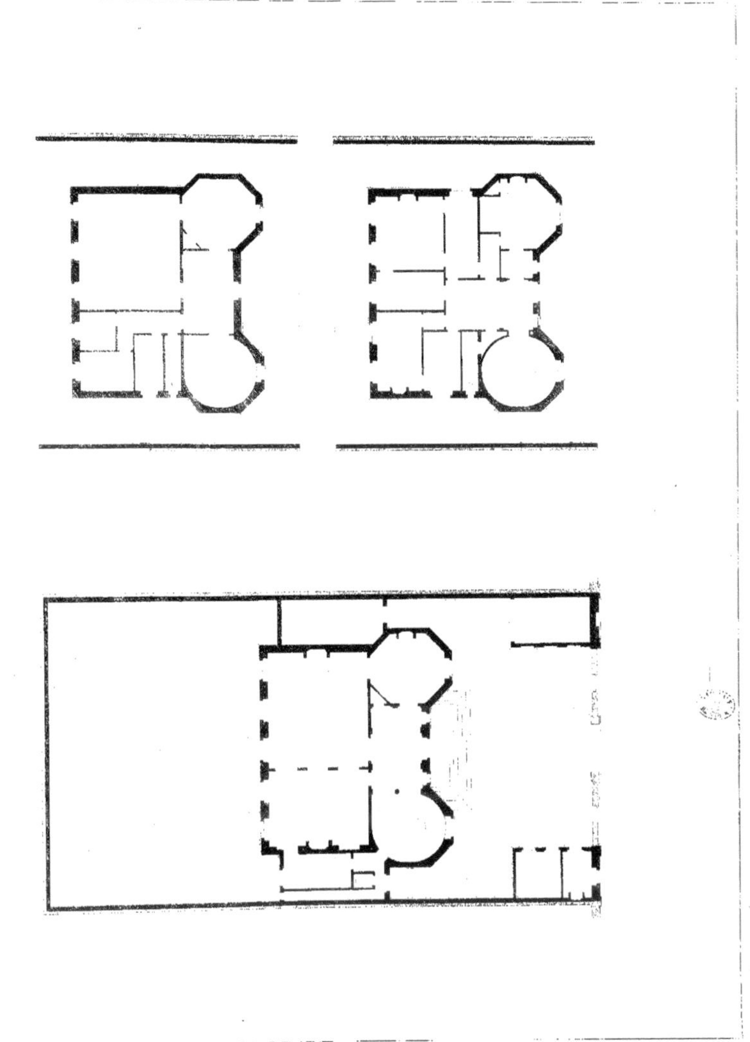

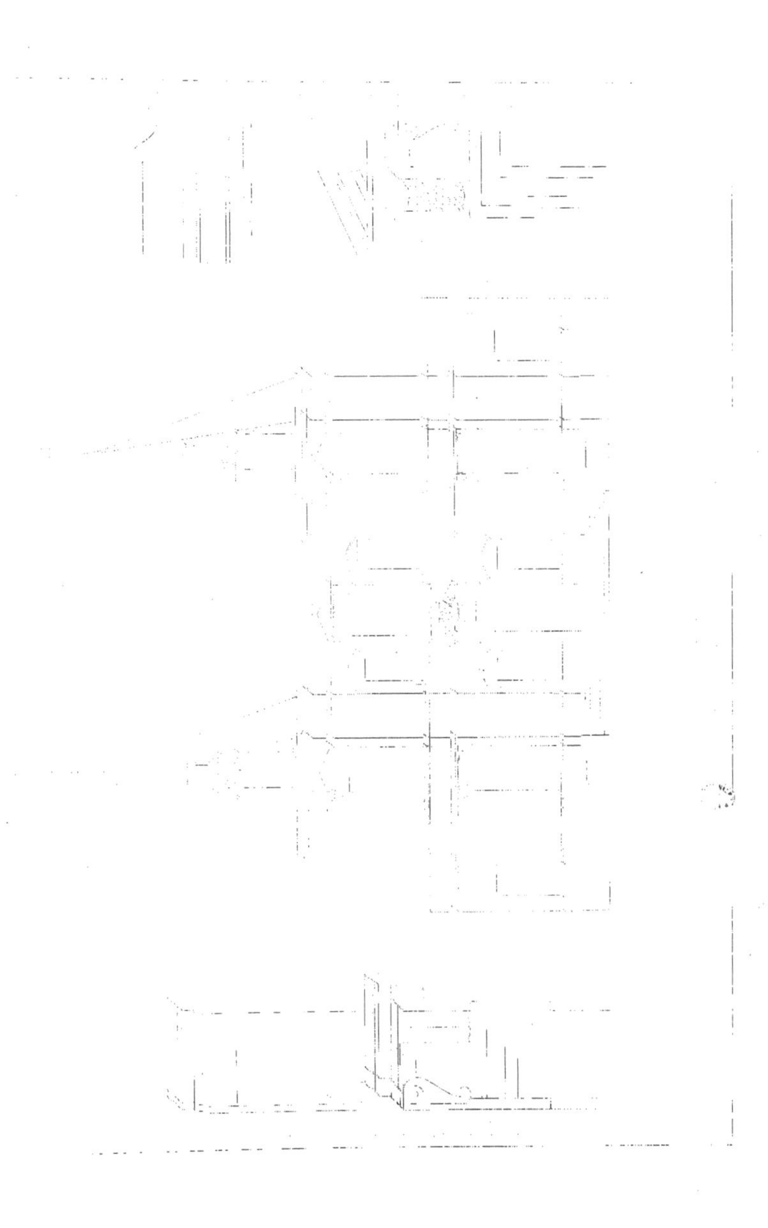

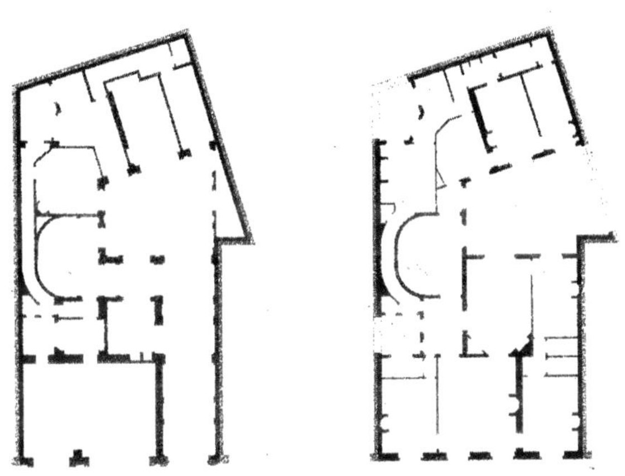

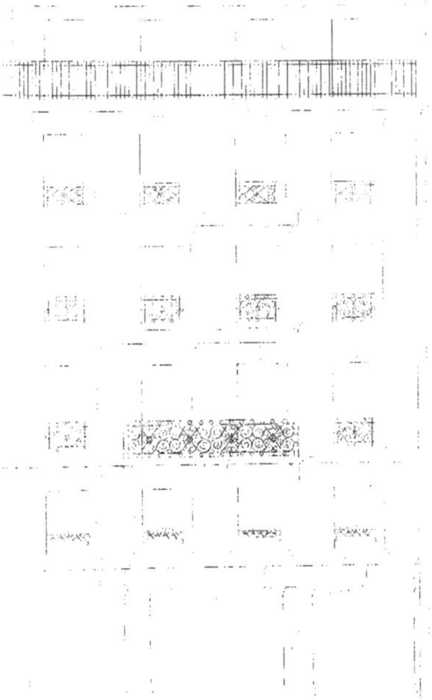

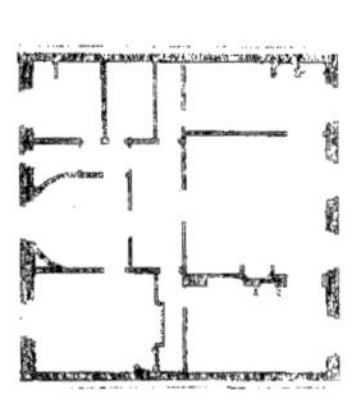

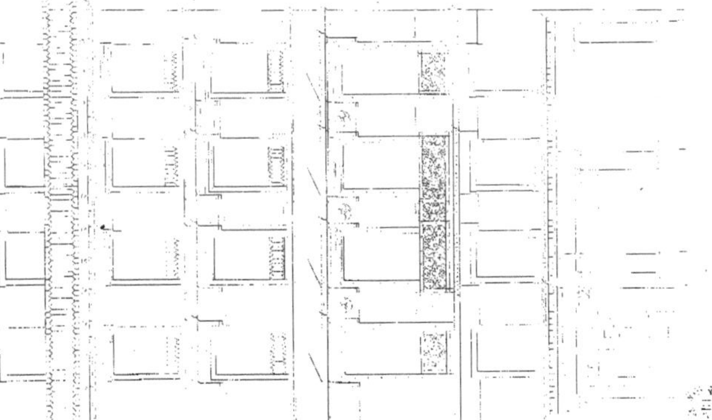

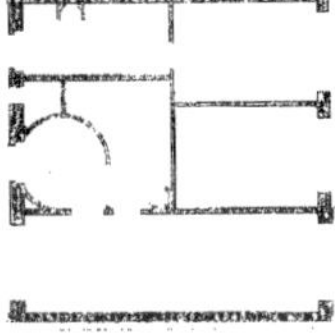

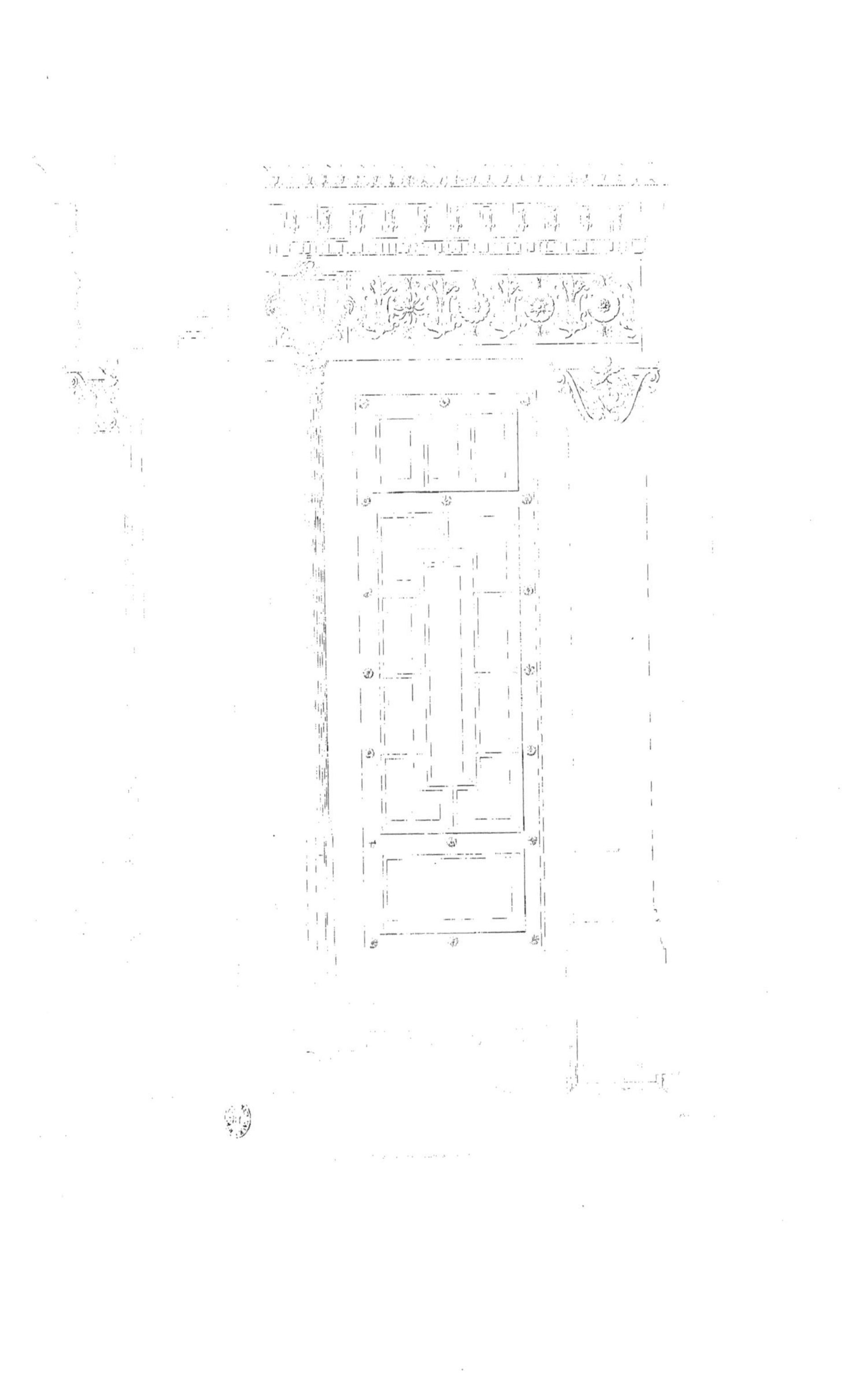

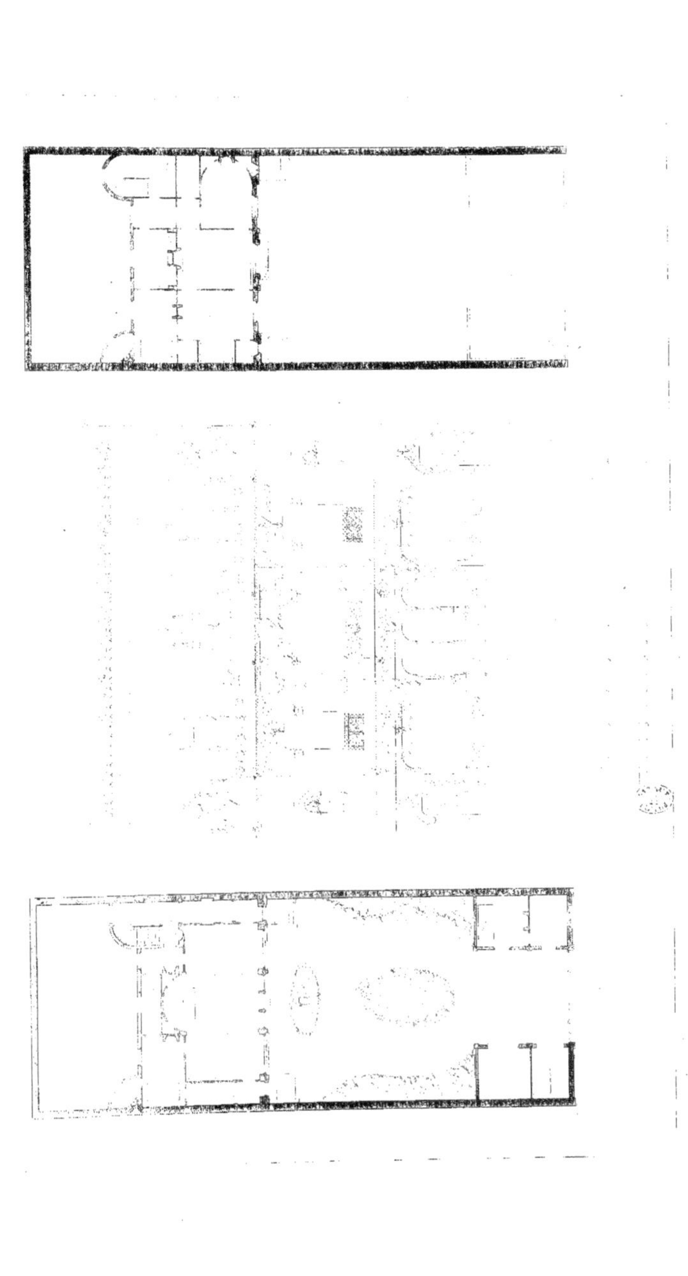

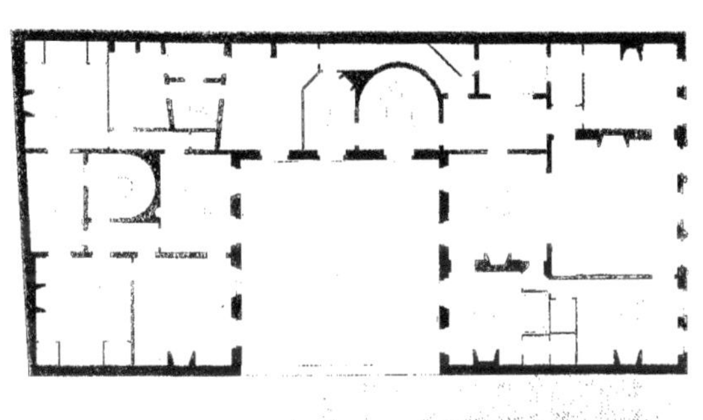

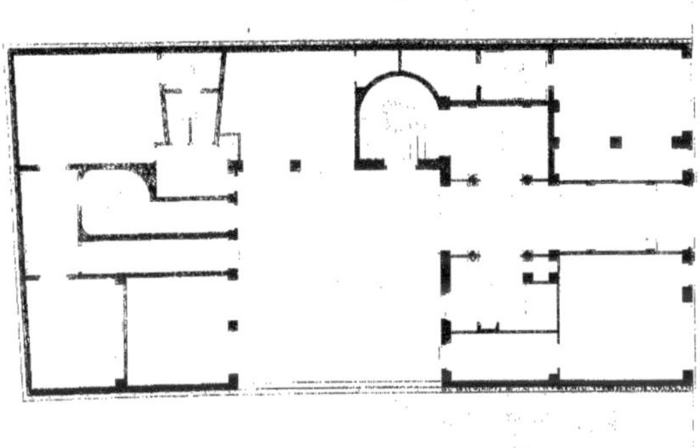

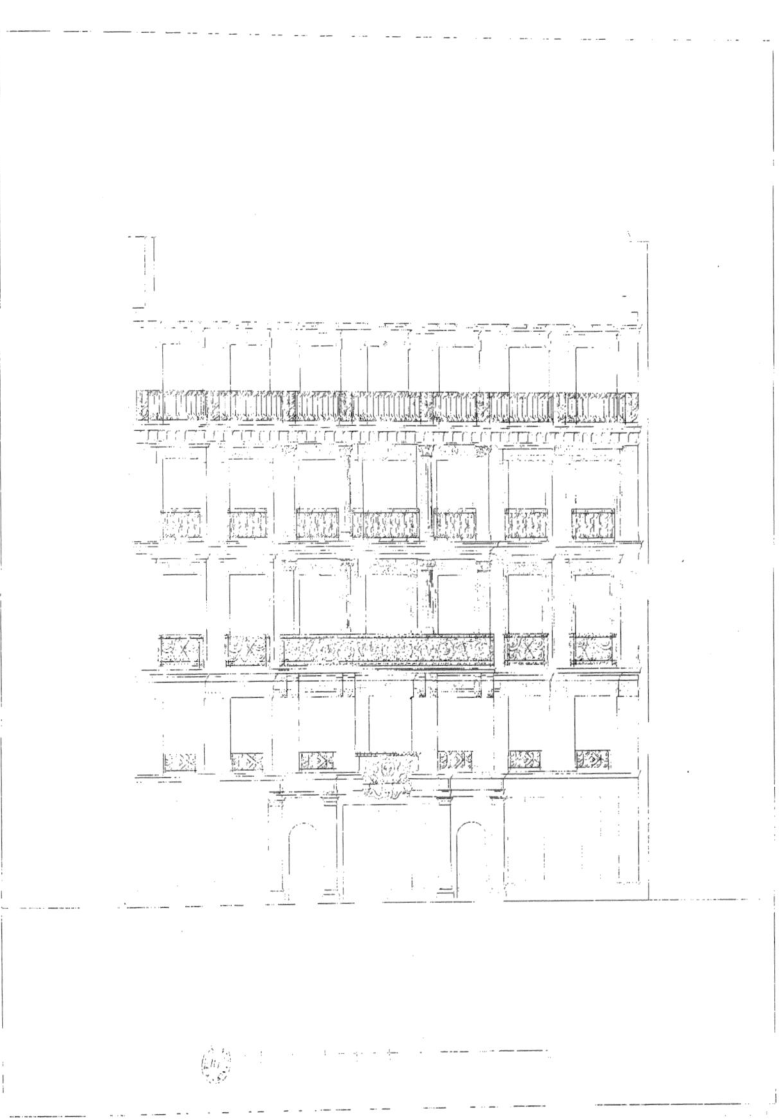

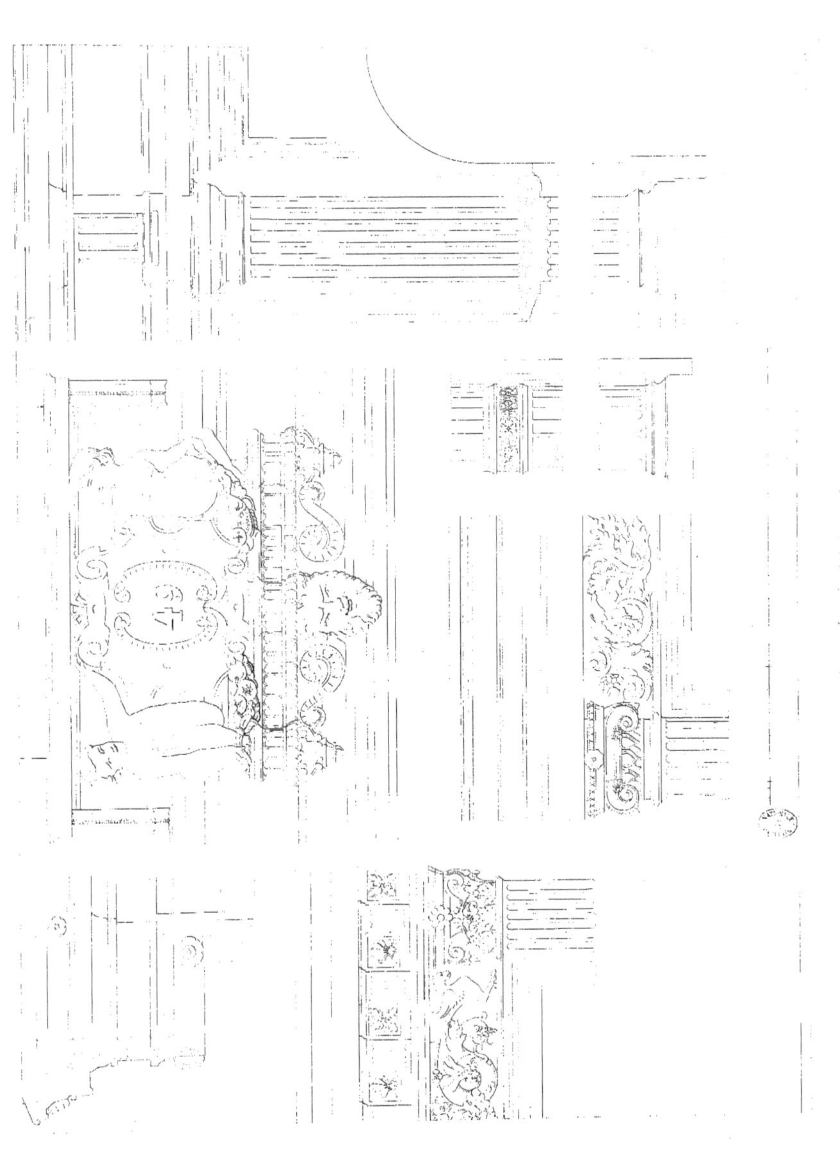

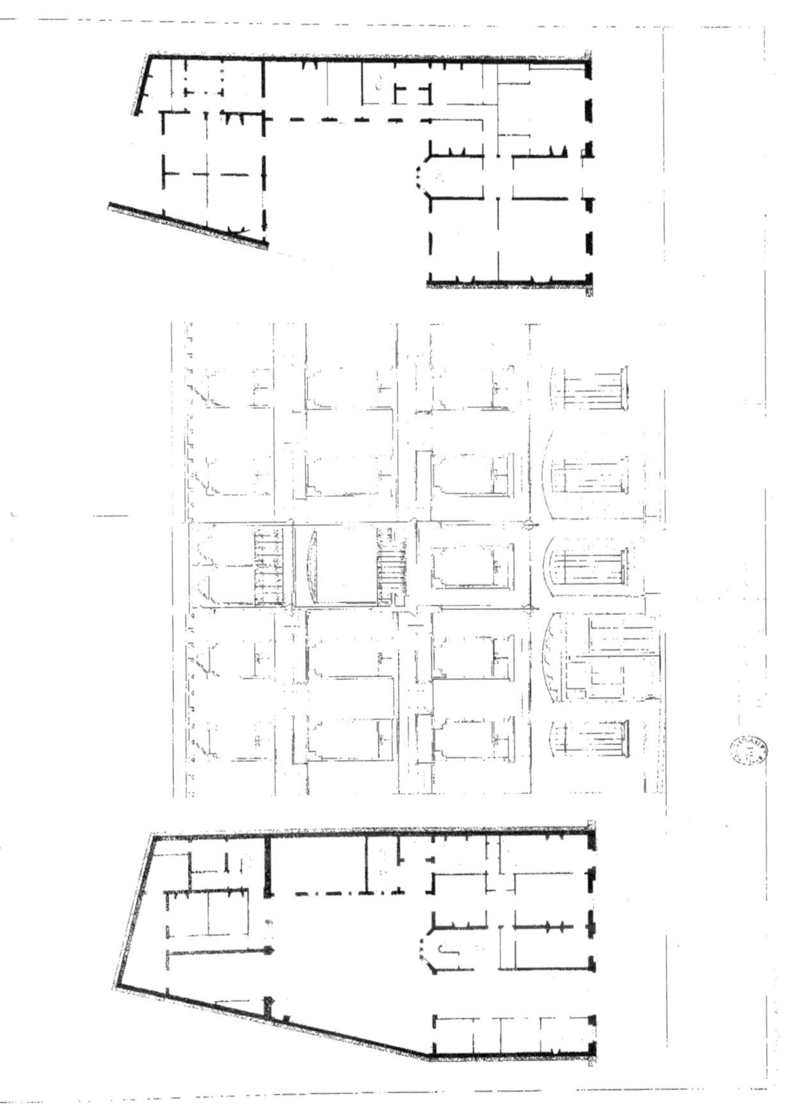

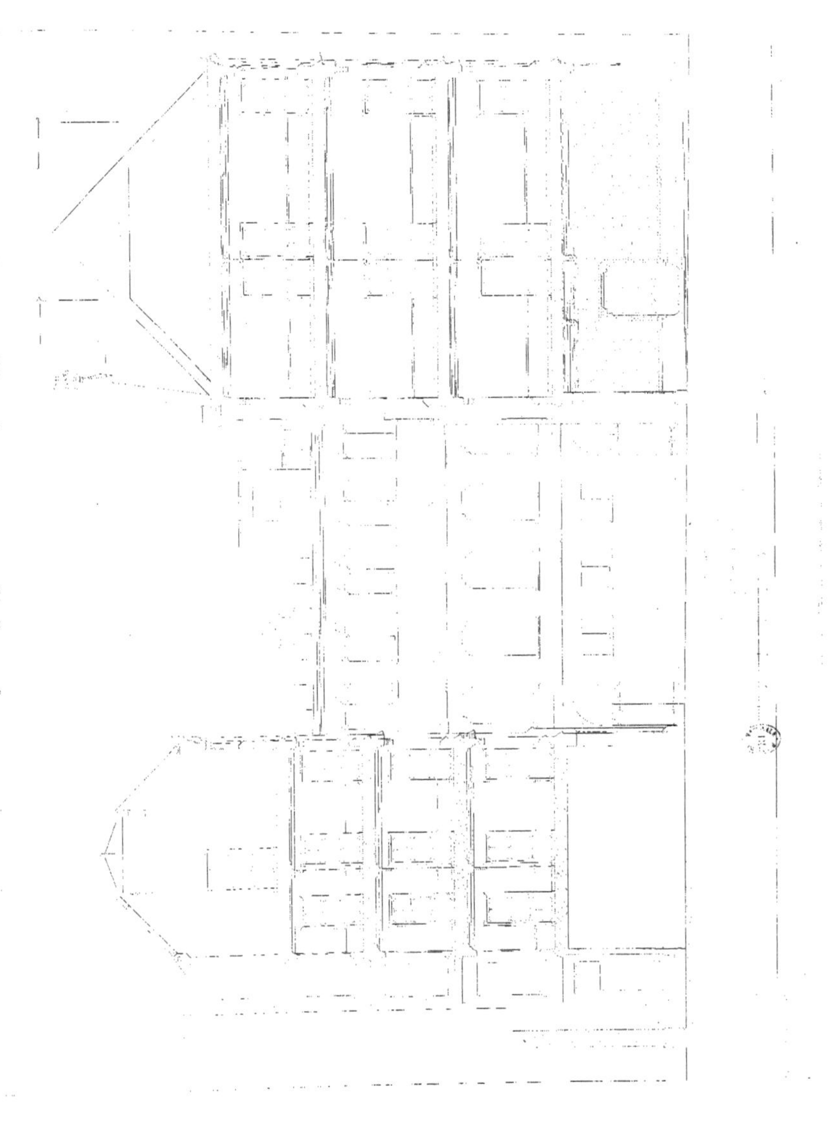

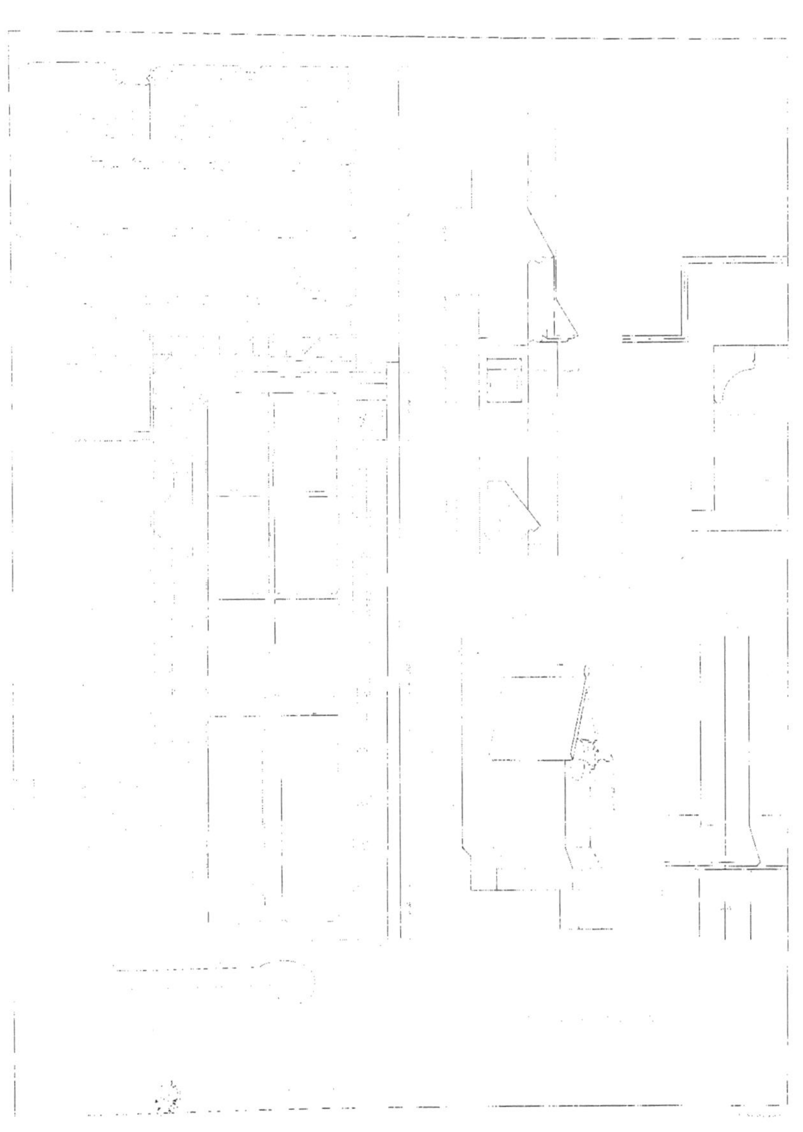

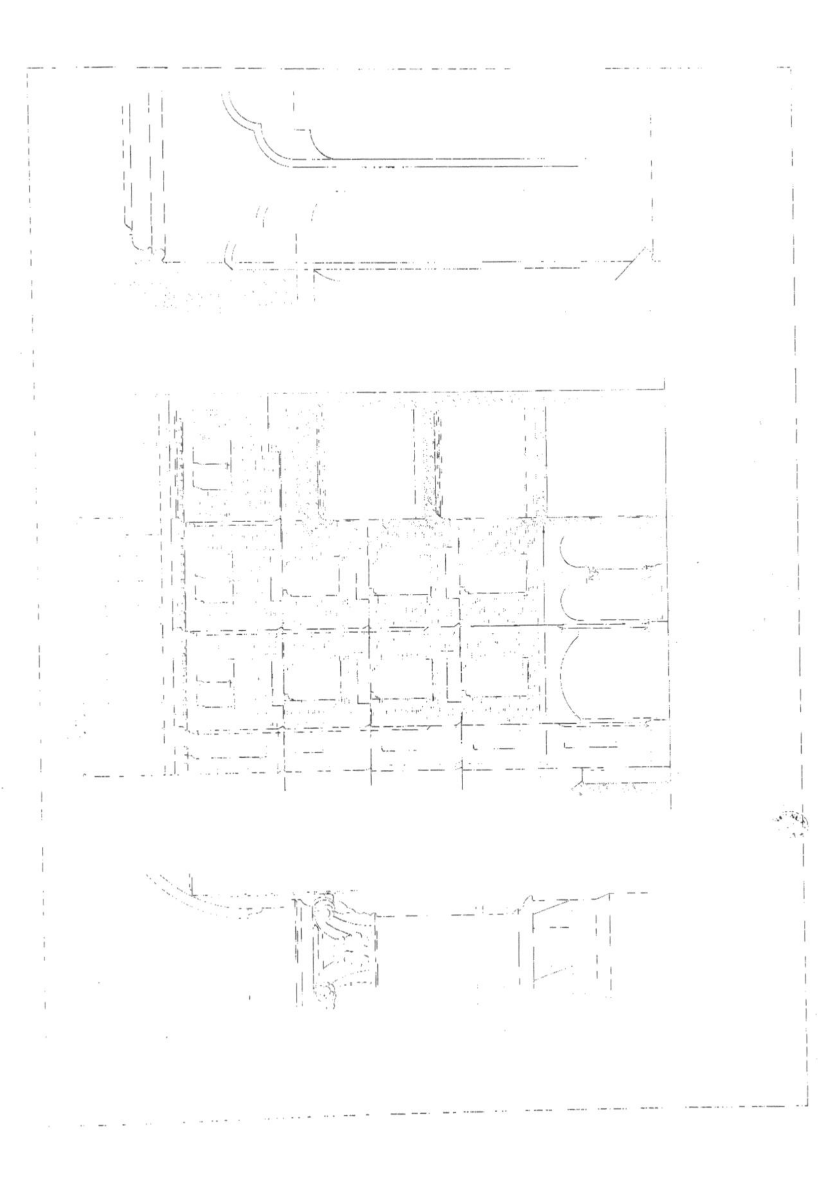

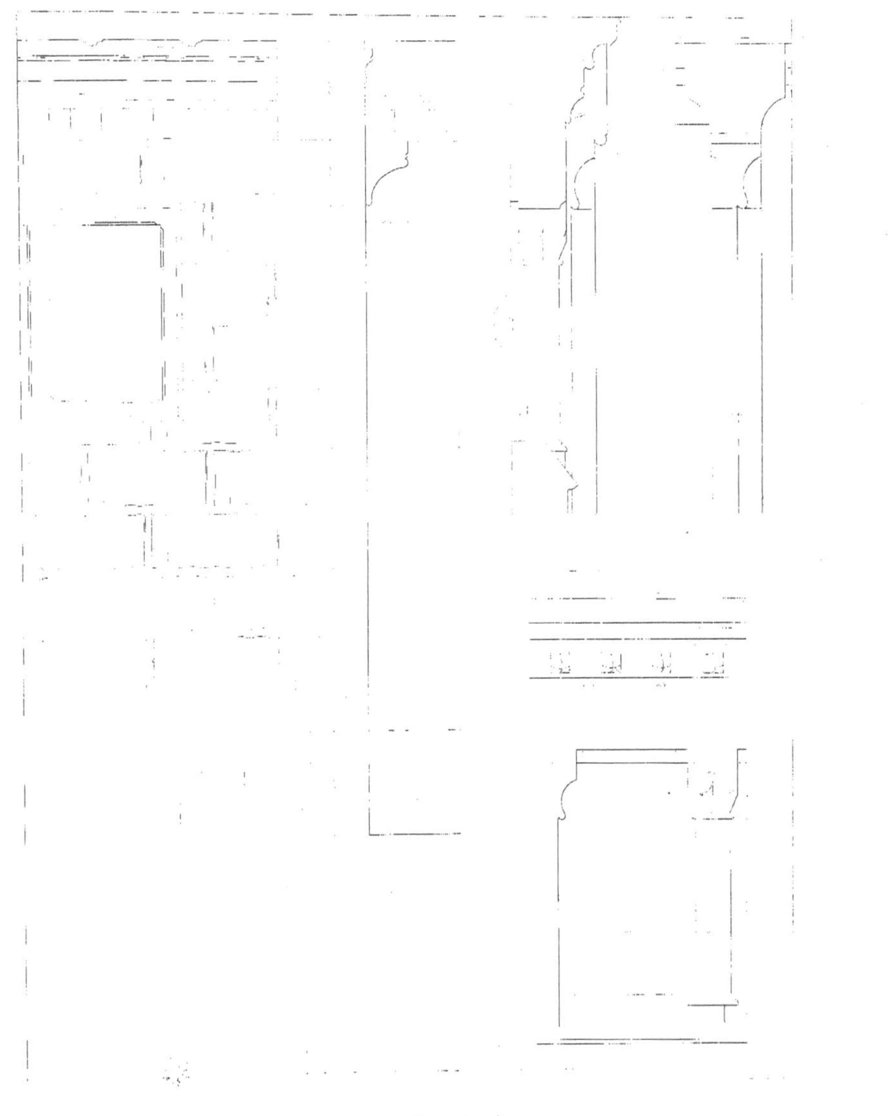

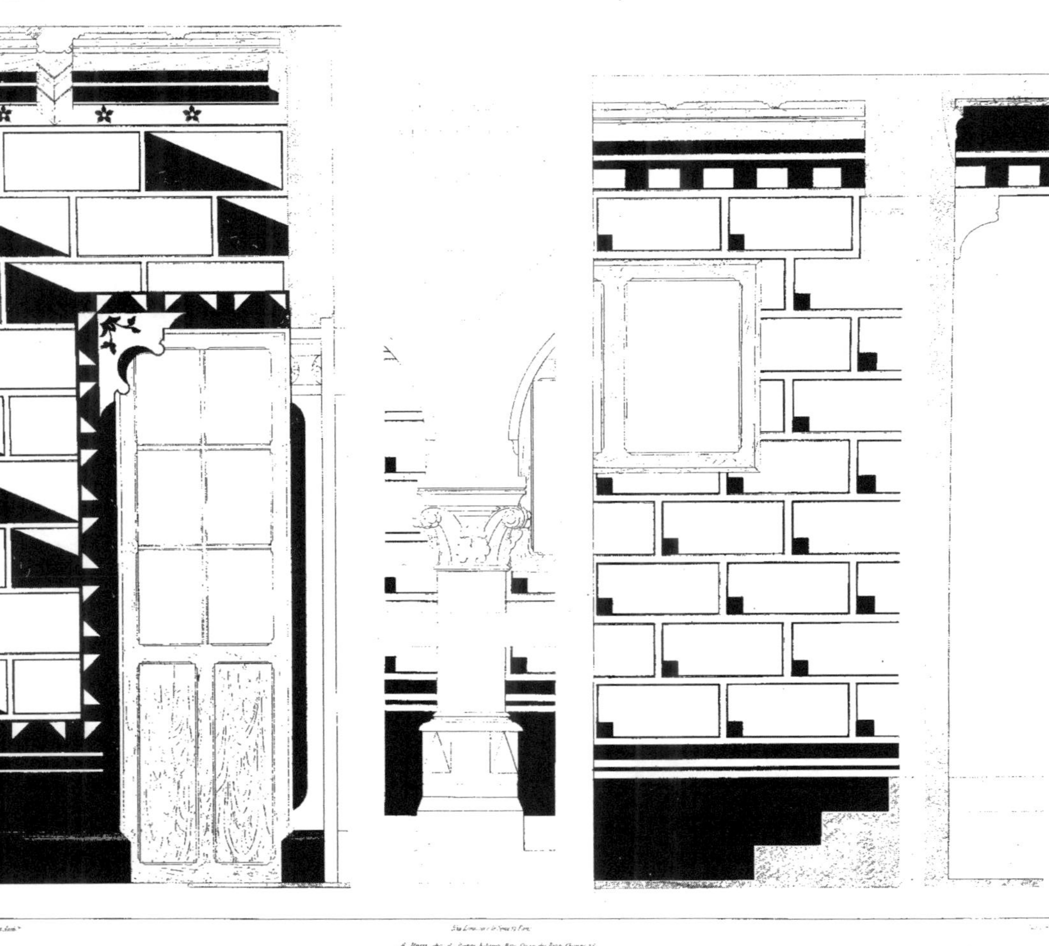

Dessiné et Publié par V.or Calliat Arch.te

A Paris, chez A. Bance, Éditeur Rue Croix-des-Petits-Champs, 25

www.ingramcontent.com/pod-product-compliance
Ingram Content Group UK Ltd.
Pitfield, Milton Keynes, MK11 3LW, UK
UKHW020545180726
13838UKWH00001B/48

9 782329 396200